上海市"085工程"资助出版精品教材

流体机械泵与风机

刘红敏 编

上海交通大学出版社
SHANGHAI JIAO TONG UNIVERSITY PRESS

内容提要

泵与风机是国民经济各个部门都广泛使用的通用机械,如人们日常生活中的通风、采暖、给水、排水,农业中的排涝、灌溉,石油工业中的输油、输气都离不开泵与风机。

本书从实用角度出发介绍了泵与风机的工作原理,基本的数学模型和理论计算方法。图文并茂并举有实例。对泵和风机的选用知识、安装要求等做了介绍。理论与实际相结合,通俗易懂。适合学生教科书和初学者入门自学成才。

图书在版编目(CIP)数据

流体机械泵与风机/ 刘红敏编. —上海:上海交通大学出版社,2014
ISBN 978-7-313-10486-1

Ⅰ.流... Ⅱ.刘... Ⅲ.①机械泵—高等学校—教材 ②风机—高等学校—教材 Ⅳ.①TH3 ②TH4

中国版本图书馆 CIP 数据核字(2013)第 268887 号

流体机械泵与风机

编　者:刘红敏

出版发行	上海交通大学出版社	地　址	上海市番禺路 951 号
邮政编码	200030	电　话	021-64071208
出 版 人	韩建民		
印　制	常熟市梅李印刷有限公司	经　销	全国新华书店
开　本	787mm×1092mm　1/16	印　张	7.75
字　数	185 千字		
版　次	2014 年 3 月第 1 版	印　次	2014 年 3 月第 1 次印刷
书　号	ISBN 978-7-313-10486-1/ TH		
定　价	35.00 元		

前　言

泵与风机是国民经济各个部门都广泛应用的通用机械。例如,船舶上水和油的输送;人们日常生活中的采暖、通风、给水、排水;航空航天事业中的卫星上天、火箭升空和超音速飞机的翱翔蓝天;农业中的排涝、灌溉;石油工业中的输油和注水;其他工业比如化学工业中高温、腐蚀性流体的排送等都离不开泵与风机。据统计,在全国的总用电量中,有 30% 左右是泵与风机耗用的,其中泵的耗电占 21% 左右。

本书根据高等学校热能动力专业教学大纲的要求,追踪国内外先进科技发展动态,并结合这些年教材的使用情况修订而成,使它既能适用于普通高等院校本科教学所需,也能满足高等专科学校的教学所用。结合专业特点,修订后的教材着重分析泵与风机的基本理论、运行特点、使用中常见的问题及改进措施。同时,在教材内容的深度和广度上,进行了加深和拓宽。

本书为四年制本科热能动力专业、建筑环境与设备、船舶辅机专业的必修课教材,也可作为有关专业泵与风机课程的参考书,亦可作为相关专业工程技术人员的参考用书。本书的编写广泛吸收了国内各类优秀泵与风机教材的精华,力求有所发展和提高。为适应热能动力专业发展和培养目标的需要,加强了必要的理论基础并做到与专业密切结合;精心设计了全书的知识体系和内容。本书内容包括:绪论,叶片式泵与风机的基本理论,叶片式泵的性能及结构,叶片式风机的结构及性能,泵与风机的运行、调节及选择,容积式泵与风机及其他类型泵简介等。为培养学生科学思维、提高分析和解决工程问题的能力,各章均精心选编和设计了思考题和习题。

本书共 7 章,由刘红敏负责本书的编写和统稿工作。上海海事大学章学来教授对全书进行了认真细致的审阅,提出了修改建议和意见,特此致谢。在编写过程中,还得到阚安康老师和涂淑平老师提供的研究资料的支持和帮助,在此一并表示感谢。

鉴于编者水平有限,书中疏漏和不妥之处在所难免,恳请专家、读者批评指正。

编　者

2013 年 9 月

目　　录

第1章 绪 论

1.1 泵与风机在制冷空调和船舶上的应用

泵与风机是将原动机(如电动机、汽轮机等)提供的机械能转换成流体的机械能,以达到输送流体或造成流体循环流动等目的的机械。通常,把提高液体机械能的机械称为泵,把提高气体机械能的机械称为风机。

泵与风机是国民经济各个部门都广泛应用的通用机械。例如,船舶上水和油的输送;人们日常生活中的采暖、通风、给水、排水;航空航天事业中的卫星上天、火箭升空和超音速飞机的翱翔蓝天;农业中的排涝、灌溉;石油工业中的输油和注水;其他工业比如化学工业中高温、腐蚀性流体的排送等都离不开泵与风机。据统计,在全国的总用电量中,有30%左右是泵与风机耗用的,其中泵的耗电占21%左右。

1.1.1 在制冷空调领域的应用

在中央空调系统中,必须有多台泵与风机同时配合主机工作,才能使整个系统正常运转。作为空调冷源设备的冷水机组,其冷冻水或其他载冷剂的循环离不开冷冻水泵或载冷剂循环泵。如果冷水机组采用的是水冷式冷凝器,冷却水泵则必不可少,同时,其附属设备冷却塔中还要用到轴流风机;如果采用的是风冷式冷水机组,其冷凝器的强制冷却离不开风机。空调系统中的风机除了提供送风或抽风的动力外,还用于提供新风、排放污浊空气、提供空气幕实现冷热空气的隔离等。图1-1是一典型中央空调循环水系统的工作示意图。

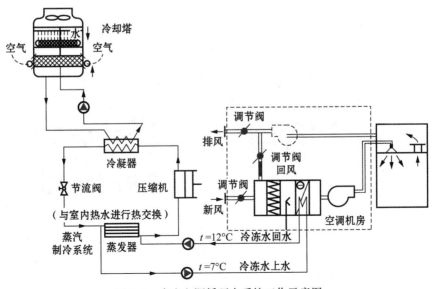

图 1-1 中央空调循环水系统工作示意图

1.1.2　在船舶领域的应用

　　船用泵是指符合船舶规范规定和船用技术条件要求的各种供船舶使用的泵。在船上它们经常被用来输送海水、淡水、污水、滑油和燃油等各种液体。为达到这一目的就需提高被输送液体的压力能、位能，或克服液体在管路中流动的阻力，因此从本质上说，泵是用来提高液体机械能的设备。

　　船用泵在现代船舶上有着十分广泛的应用，根据其用途的不同，可分为：

　　(1) 船舶动力装置用泵。有燃油泵、润滑油泵、海水泵、淡水泵、舵机或其他液压甲板机械的液压泵、锅炉装置的给水泵、制冷装置的冷却水泵、海水淡化装置的海水泵和凝水泵等。

　　(2) 船舶通用泵。有舱底水泵、压载水泵、消防水泵、日用淡水泵、日用海水泵、热水循环泵；还有兼作压载、消防、舱底水泵用的通用泵。

　　(3) 特殊船舶专用泵。某些特殊用途的船舶，还设有为其特殊营运要求而设置的专用泵，例如油轮的货油泵、挖泥船的泥浆泵、喷水推进船上的喷水推进器、无网渔船上的捕鱼泵等。

　　图 1-2 为国产 CDW25-0.35 电动双缸四作用往复泵。其型号含义为：C——船用；D——电动；W——往复泵；25——额定流量(m³/h)；0.35——额定排出压力(MPa)。该泵主要由电动机、减速器、曲柄连杆机构、阀箱、泵体及润滑油泵等组成。

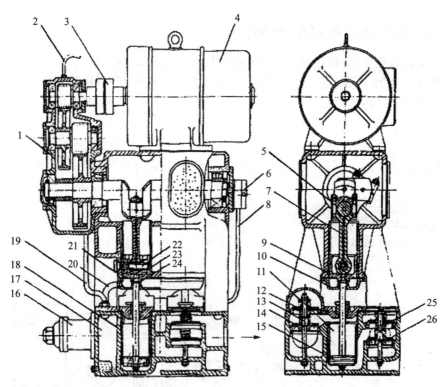

图 1-2　CDW 型电动往复泵

1-减速器；2,8,19,20-油管；3-联轴器；4-电机；5-曲轴；6-滑油泵；7-连杆；9-十字头；10-油盘；
11-缸套；12,25-排出阀；13-固定螺栓；14,26-吸入阀；15-活塞；16-安全阀；17-滑油箱；
18-泵缸体；21-螺塞；22-十字头销；23-定位弹簧圈；24-锁紧螺帽

电动机 4 为防滴式交流电动机,安装在泵的顶部并固定在曲柄箱上,其转向必须与机体上的方向一致,以防自带的润滑油泵 6 反转而不能供油。电动机通过挠性联轴节 3,再经两级齿轮减速器 1 减速(也有采用皮带减速传动)后,带动曲轴 5 回转。曲轴为整体锻造,并由两个互成 90°的曲拐组成,这样使得两个活塞相差半个行程,当某缸瞬时流量最大时,另一缸瞬时流量却最小,而且不论曲轴在何种位置,泵缸均有液体排出,这样可减小流量和耗功的波动。曲轴由三个滚柱轴承支承,其中右侧一个是可作轴向移动的自位轴承。拆卸曲轴时必须拆卸减速器的壳体,才能将曲轴经减速器侧的圆孔取出。连杆 7 的大端轴承与曲柄销相连,小端经十字头 9 与活塞杆相连。这样,当电动机带动曲轴回转时,通过曲柄连杆机构将曲轴的回转运动转变为活塞 15 的往复运动。曲柄连杆机构由来自中心油孔的滑油润滑。

泵缸 18 的缸体由灰铸铁浇铸而成,内镶青铜缸套 11,以防海水腐蚀。活塞由青铜制成。在活塞外周装有活塞环以起密封作用,活塞环有金属(灰铸铁、青铜、钢)和非金属(夹布胶木、塑料等)两类,可根据所输送液体的性质、温度和压力加以选择。当活塞环采用青铜和非金属材料时,其内侧常加衬弹簧,以增强弹力。

泵出口的安全阀 16 安装在阀箱上,用以限制泵的最大排出压力。调整安全阀弹簧张力即可改变其开启压力。其开启压力应为泵额定排出压力的 1.1～1.15 倍。当泵排出管路阀门全闭时,安全阀的排放压力(全流压力)一般应不大于额定排出压力加 0.25 MPa。安全阀在泵出厂时即经试验合格并加以铅封。

1.2　泵与风机的分类

根据泵与风机的工作原理,通常可以将它们分类如下。

1.2.1　容积式

容积式泵与风机在运转时,机械内部的工作容积不断发生变化,从而吸入或排出流体。按其结构不同,又可再分为:

1) 往复式

这种机械借活塞在汽缸内的往复作用使缸内容积反复变化,以吸入和排出流体,如活塞泵(piston pump)等;

2) 回转式

机壳内的转子或转动部件旋转时,转子与机壳之间的工作容积发生变化,借以吸入和排出流体,如齿轮泵(gear pump)、螺杆泵(screw pump)等。

1.2.2　叶片式

叶片式泵与风机的主要结构是可旋转的、带叶片的叶轮和固定的机壳。通过叶轮的旋转对流体作功,从而使流体获得能量。

根据流体的流动情况,可将它们再分为下列数种:

(1) 离心式泵与风机。

(2) 轴流式泵与风机。

(3) 混流式泵与风机,这种风机是前两种的混合体。

（4）贯流式风机。

1.2.3　其他类型的泵与风机

如喷射泵（jet pump）、旋涡泵（scroll pump）、真空泵（vacuum pump）等。

图 1-3 是泵与风机按照工作原理的分类图。

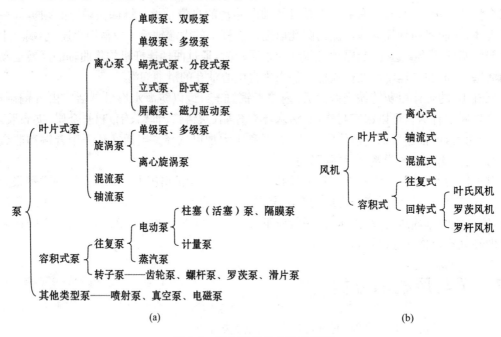

图 1-3　泵与风机的分类示意图
(a) 泵的分类　(b) 风机的分类

根据增压能力大小，风机又可分为：

（1）低压风机：增压值小于 1 000 Pa（100 mmH$_2$O 以下）。

（2）中压风机：增压值 1 000～3 000 Pa（100～300 mmH$_2$O）。

（3）高压风机：增压值大于 3 000 Pa（300 mmH$_2$O 以上）。

低压和中压风机大都用于通风换气、排尘系统和空气调节系统。高压风机则用于一般锻冶设备的强制通风及某些气力输送系统。我国还生产了许多专门用于排尘、输送煤粉、锅炉引风、排酸雾和防爆、防腐用的各种专用风机。

1.3　泵与风机的主要评价参数

制冷空调专业常用泵是以不可压缩的流体为工作对象的。而风机的增压程度不高（通常只有 9 807 Pa 或 1 000mmH$_2$O 以下），所以本书内容都按不可压缩流体进行论述。

1.3.1　泵的扬程与风机的全压和静压

泵的扬程的定义是：泵所输送的单位重量流量的流体从进口至出口的能量增值。也就是单位重量的流体通过泵所获得的有效能量，单位是 m。

　　显然,单位重量流量的流体所获得的能量增量可用流体能量方程来计算。如分别取泵或风机的入口与出口为计算断面,如图 1-4 所示,列出它们的表达式可得:

$$H_1 = Z_1 + \frac{p_1}{\gamma} + \frac{v_1^2}{2g}$$

$$H_2 = Z_2 + \frac{p_2}{\gamma} + \frac{v_2^2}{2g}$$

式中: p —压强/Pa;

　　　γ —水的容重/(N/m³);

　　　v —水流速度/(m/s)。

　　下角"1"和"2"分别表示设备的入口和出口断面的参数。两式相减,就可以求出叶轮工作时单位重量流量的流体所获得的能量增量

$$H = Z_2 - Z_1 + \frac{p_2 - p_1}{\gamma} + \frac{v_2^2 - v_1^2}{2g} \tag{1-1}$$

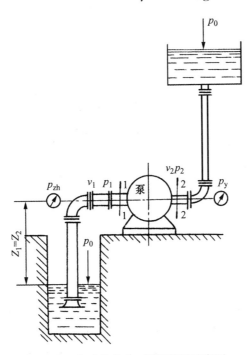

图 1-4　水泵的进出口断面能量示意图

　　风机的压头(全压) p 系指单位体积气体通过风机所获得的能量增量,单位为 Pa。由于 $1\,\mathrm{Pa} = \dfrac{1\,\mathrm{N}}{\mathrm{m}^2}$,故风机的 p 表示压强又称全压。

　　风机的静压 p_{j} 定义为风机全压减去风机出口动压,即假设 $Z_2 = Z_1$ 时有

$$p_{\mathrm{j}} = (p_2 - p_1) - \frac{\rho v_1^2}{2} \tag{1-2}$$

式中: ρ —气体密度/(kg/m³)。

　　从上式看出:风机静压,不是风机出口的静压 p_2 ,也不是风机出口与进口静压差 $p_2 - p_1$ 。

1.3.2　流量 Q

单位时间内泵与风机所输送的流体量称为流量。常用体积流量表示,单位为"m^3/s"或"m^3/h"。严格讲,风机的体积流量,特指风机进口处的体积流量。重量流量和体积流量的关系为

$$G = \gamma Q \qquad (1\text{-}3)$$

1.3.3　功率及效率

如前所述,泵的扬程 H 是指单位重量流体通过泵所获得的有效能量。所以在单位时间内通过泵的流体所获得的总能量叫有效功率,以符号 N_e 表示。

$$N_e = \gamma QH/1\,000\,(\text{kW}) \qquad (1\text{-}4)$$

而风机的全压 p 是指单位体积气体通过风机所获得的有效能量。所以其 N_e 等于:

$$N_e = Qp/1\,000\,(\text{kW}) \qquad (1\text{-}5)$$

式中 γ 为输送液体的容重 $/(\text{N/m}^3)$;流量 Q 用 m^3/s 计;扬程 H 以 m,压头 p 以 N/m^2 为单位。

为表示输入的轴功率 N 被流体的利用程度,用泵或风机的全效率(简称效率)η 来计量。即:

$$\eta = N_e/N \qquad (1\text{-}6)$$

将式(1-6)加以变换,并用式(1-4)代入可以得到轴功率的计算式

$$N = \frac{N_e}{\eta} = \frac{\gamma QH}{1\,000\eta} = \frac{Qp}{1\,000\eta}\,(\text{kW}) \qquad (1\text{-}7)$$

同理,其静压效率的表达式为

$$\eta_j = \eta\,\frac{p_j}{p} \qquad (1\text{-}8)$$

通常泵或风机的效率,是由试验确定的。

1.3.4　转速 n

指泵或风机叶轮每分钟的转数即"r/min"。

此外,对于泵,还有泵的比转速(或型式数)、气蚀余量(或吸上真空高度)等;对于风机,还有风机的比转速及无因次性能参数等,这些将分别在以后的有关章节中讨论。随着科学技术的不断进步,泵与风机正向着大容量、高转速、高效率及自动化等方向发展。

思考题与习题

(1) 简述泵与风机的概念以及它们的不同和相似点。

(2) 泵与风机在制冷空调和船舶上的应用有哪些?

(3) 泵与风机按照工作原理可以分为哪几大类?

(4) 泵与风机主要有哪些性能参数?水泵的扬程和风机的全压有什么区别和联系?

第2章 离心式泵与风机的基本理论

2.1 离心式泵与风机的工作原理

敞口圆筒绕中轴旋转时,在离心力的作用下,液面呈抛物面状,液体沿筒壁上升,转得越快上升越高,离心泵与风机就是利用叶轮旋转而使水产生离心力来工作的。

离心式泵和风机的主要结构部件是叶轮和机壳。机壳内的叶轮固装于由原动机拖动的转轴上。当原动机带动叶轮旋转时,机内流体便获得能量。

离心式泵与风机的工作原理是,叶轮高速旋转时产生的离心力使流体获得能量,即流体通过叶轮后,压能和动能都得到提高,从而能够被输送到高处或远处。离心式泵与风机最简单的结构型式如图 2-1、图 2-2 所示。叶轮是由叶片和连接叶片的前盘及后盘所组成,叶轮后盘装在转轴上。

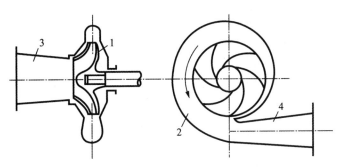

图 2-1 离心式泵结构示意图

1-叶轮;2-压水室;3-吸入室;4-扩散管

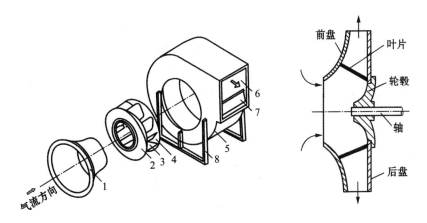

图 2-2 离心式风机结构示意图

1-吸入口;2-叶轮前盘;3-叶片;4-后盘;5-机壳;6-出口;7-截流板,即风舌;8-支架

以泵为例,叶轮1装在一个螺旋形的外壳内,当叶轮旋转时,流体轴向流入,然后转 90 度进入叶轮流道并径向流出。叶轮连续旋转,在叶轮入口处不断形成真空,从而使流体连续不断地被泵吸入和排出。

以风机为例,当叶轮旋转时,叶片间的气体也随叶轮旋转而获得离心力,并使气体从叶片之间的出口处甩出。被甩出的气体挤入机壳,于是机壳内的气体压强增高,最后被导向出口排出。气体被甩出后,叶轮中心部分的压强降低。外界气体就能从风机的吸入口通过叶轮前盘中央的孔口吸入,源源不断地输送气体。

2.2   流体在叶轮中的运动分解

叶轮的几何参数,叶轮流道的几何形状如图 2-3 所示。其中,D_0 为叶轮进口直径,D_1、D_2 为叶片的进、出口直径,b_1、b_2 为叶片的进、出口宽度,β_1、β_2 为叶片进、出口的安装角度。它指叶片进、出口处的切线与圆周速度反方向线之间的夹角,用来表明叶片的弯曲方向。

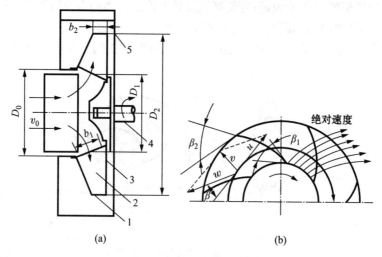

图 2-3   流体在叶轮流道中的流动
(a) 风机的叶轮   (b) 流体在叶轮中的速度
1-叶轮前盘;2-叶片;3-后盘;4-轴;5-机壳

流体在叶轮中的运动很复杂,是一个复合运动。当叶轮旋转时,在叶片进口"1"处,流体一方面随叶轮旋转作圆周牵连运动,其圆周速度为 u_1;另一方面又沿叶片方向作相对于叶片的相对运动,其相对速度为 w_1。因此,叶轮中的流体相对于地面的运动称为绝对运动,其绝对速度为 v_1。流体在进口处的绝对速度 v_1 应为 u_1 与 w_1 两者之矢量和。同理,在叶片出口"2"处,流体的圆周速度 u_2 与相对速度 w_2 之矢量和为绝对速度 v_2,如图 2-4 所示。

为了便于分析,常常将绝对速度 v 分解为与流量有关的径向分速 v_r 和与压头有关的切向分速 v_u,见图 2-4(e)。前者的方向与叶轮的半径方向相同,后者与叶轮的圆周运动方向相同。

$$v = v_r + v_u \tag{2-1}$$

速度 v 和 u 之间的夹角 α 叫做叶片的工作角。α_1 是叶片的进口工作角,α_2 是叶片出口工作角。显然,工作角与计算径向分速及切向分速有关。速度三角形图是研究流体在叶轮内能

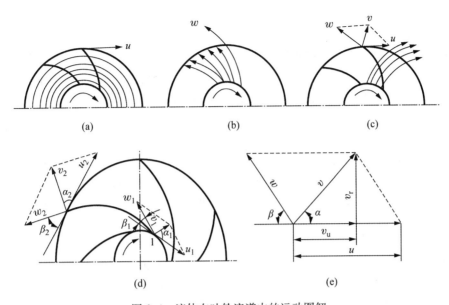

图 2-4　流体在叶轮流道中的运动图解

(a) 圆周运动　(b) 相对运动　(c) 绝对运动　(d) 进出口速度图　(e) 速度三角形图

量转换及其性能的基础。

当叶轮流道几何形状(安装角 β 已定)及尺寸确定后,如已知叶轮转速 n 和流量 Q_T,即可求得叶轮内任何半径 r 上的某点的速度三角形。

这里,流体的圆周速度 u 为:

$$u = \omega \cdot r = \frac{\pi d n}{60} \tag{2-2}$$

由于叶轮流量 Q_T 等于径向分速度 v_r 乘以垂直于 v_r 的过流断面积 F,即 $Q_T = v_r \cdot F$,由此可求出径向分速度 v_r。其中 F 是一个环周面积,可近似认为它是以半径 r 处的叶轮宽度 b 作母线,绕轴心线旋转一周所形成的曲面,故有:

$$F = 2\pi r b \varepsilon \tag{2-3}$$

式中,ε 为叶片排挤系数,它反映了叶片厚度对流道过流面积的遮挡程度,对于水泵,其值在 $0.75 \sim 0.95$ 之间,小泵取低限,大泵取高限。

既然 u 和 v_r 已求得,又已知 β 角,则此速度三角形就不难绘出了。

2.3　离心式泵与风机的基本方程

从理论上研究流体在叶轮中的运动情况和获得能量的关系,就是泵与风机的基本方程式。

2.3.1　基本假设

鉴于流体在叶轮流道中的运动十分复杂,为便于应用一元流动理论来分析其运动规律,欧拉在其透平理论中提出了如下的"理想叶轮":

(1) 假设流体通过叶轮的流动是恒定的,且可看成是无数层垂直于转动轴线的流面之总和,在层与层的流面之间其流动互不干扰。

（2）假设流经叶轮的流体是理想不可压缩流体，即在流动过程中，不考虑由于粘性使速度场不均匀而带来的叶轮内的流动损失。

（3）假设叶轮具有无限多的叶片，叶片厚度无限薄。因此流体在叶片间流道作相对流动时，其流线与叶片形状一致，且当流体进、出叶片流道时，与叶片进、出口的几何安装角 β_1、β_2 一致，即流体"进入和流出时无冲击"，同一圆周上速度的大小均匀。

2.3.2　方程式推导

根据上述欧拉对"理想叶轮之假设"，当流体进入叶轮之后，叶轮从外界向流体所供给的能量，就应全部被流体获得。用"动量矩"定理可以简便地导出这种能量关系。由力学中的动量矩定理可知：作用于控制面内流体上的外力对转轴的力矩等于单位时间内控制面流体对该轴的动量矩的增量与通过控制面净流出的动量矩之和。

取叶轮的进、出口圆柱面为控制面。当叶轮转速恒定时，流体流动是恒定流动，控制面内流体动量矩增量为零，则外力矩等于单位时间内通过控制面流出与流入的动量矩的差值。这里，将流体的有关参数都注以"T∞"角标，例如 $Q_{T\infty}$、$H_{T\infty}$ 等，其中"T"表示理想流体，"∞"表示叶片为无限多。于是，以 $Q_{T\infty}$ 表示流经叶轮的体积流量，则在叶片进口"1"处的每秒动量矩就是 $\rho Q_{T\infty} v_{u1T\infty} r_1$；而出口"2"处的每秒动量矩，在连续流动的条件下，就应为 $\rho Q_{T\infty} v_{u2T\infty} r_2$。故对于流量为 $Q_{T\infty}$ 的流体，其动量矩的变化率应为：

$$\rho Q_{T\infty} (r_2 \cdot v_{u2T\infty} - r_1 \cdot v_{u1T\infty})$$

由动量矩定理，它就应等于作用于流体的外力矩 M（同时，它又恰好等于外力施加于叶轮转轴上的力矩）。故有：

$$M = \rho Q_{T\infty} (r_2 \cdot v_{u2T\infty} - r_1 \cdot v_{u1T\infty})$$

由于外力矩 M 乘以叶轮角速度 ω 就正是加在转轴上的外加功率 $N = M \cdot \omega$；而在单位时间内叶轮对流体所作的功 N，在理想条件下，又全部转化为流体的能量，即 $N = \gamma Q_{T\infty} H_{T\infty}$，再将 $u = r\omega$ 的关系代入上式，便得：

$$N = M\omega = \gamma Q_{T\infty} H_{T\infty} = \rho Q_{T\infty} (r_2 \cdot v_{u2T\infty} - r_1 \cdot v_{u1T\infty})\omega$$

经化简，就可以得到理想化条件下单位重量流体的能量增量与流体在叶轮中运动的关系，即欧拉方程，该方程是 1754 年首先由欧拉提出的：

$$H_{T\infty} = \frac{1}{g}(u_{2T\infty} v_{u2T\infty} - u_{1T\infty} v_{u1T\infty}) \tag{2-4}$$

欧拉方程有如下特点：

（1）用动量矩定理推导基本能量方程时，并未分析流体在流道中途的运动过程，于是，流体所获得的理论扬程 $H_{T\infty}$，仅与流体在叶片进、出口处的运动速度有关，而与流动过程无关。

（2）流体所获得的理论扬程 $H_{T\infty}$，与被输送液体的种类无关。也就是说无论被输送的流体是水或是空气，乃至其他密度不同的流体；只要叶片进、出口处的速度三角形相同，都可以得到相同的液柱或气柱高度（扬程）。但是水和空气所需功率不同，因为功率和流体的重度成正比。

（3）当进口切向分速 $v_{u1T\infty} = v_{1T\infty} \cos\alpha_1 = 0$ 时，根据式（2-4）计算的理论扬程 H_T 将达到最大值。因此，理论最大扬程为当 $\alpha_{1T\infty} = 90°$，$v_{u1T\infty} = 0$ 时，有

$$H_{T\infty} = \frac{u_{2T\infty} v_{u2T\infty}}{g} \tag{2-5}$$

2.3.3　欧拉方程的修正

在欧拉方程推导过程中所做的假设,前两点暖通制冷空调领域使用的泵与风机是满足的,因此需要修正的是第(3)点假设:即叶片无限多和叶片无限薄,此时,流道中任何点的相对流速 w 均沿着叶片的切线方向。然而,实际上叶片数目只有几片或几十片,叶片之间的流速有一定的宽度,叶片对流束的约束就相对减小了,使理论扬程有所降低。

在有限数目叶片的流道中,除有前述的流量为 Q_T 的均匀相对流动之外,还有一个因流体惯性而产生的与叶轮转动方向相反的轴向相对涡流运动,如图 2-5 所示。

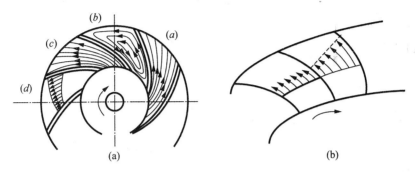

图 2-5　相对涡流对流速分布的影响

此涡流运动与沿叶片的均匀流动迭加之后,在顺叶轮转动方向的流道前部,相对涡流助长了原有的相对流速;而在后部,则抑制原有的相对流速。结果,相对流速在同一半径的圆周上分布不均匀,如图 2-6(a)所示,它一方面使叶片两面形成压力差,作为作用于轮轴上的阻力矩,需原动机克服此力矩而耗能;另一方面,在叶轮出口处,相对速度将朝旋转的反方向偏离于切线,图 2-6(b)由中 $w_{2T\infty}$ 变为 w_{2T},原来的切向分速度 $v_{u2T\infty}$ 将减小为 v_{u2T}。根据同样分析,叶片进口处相对速度将朝叶轮转动方向偏移,从而使进口切向分速由原有的 $v_{u1T\infty}$ 增加到 v_{u1T}。

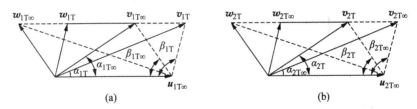

图 2-6　相对涡流对进出口速度的影响

(a) 进口速度的偏移　(b) 出口速度的偏移

由于上述影响,按式(2-4)计算的叶片无限多的扬程 $H_{T\infty}$ 要降低到叶片有限多的 H_T 值。无限多叶片的欧拉方程表达的 $H_{T\infty}$ 与有限多叶片实际叶轮的欧拉方程式得出的 H_T 之间的关系至今还只能以经验公式来表明,而这些经验公式的使用范围也极其有限。这里用小于 1 的涡流修正系数 k(英美等国则称滑差因子)来联系,即:

$$H_T = kH_{T\infty} = \frac{k}{g}(u_{2T\infty}v_{u2T\infty} - u_{1T\infty}v_{u1T\infty}) \tag{2-6}$$

对离心机来说,水泵值可取 0.8,风机可取 0.8～0.85,k 是离心式叶轮设计的重要系数。

或

$$H_T = \frac{1}{g}(u_{2T}v_{u2T} - u_{1T}v_{u1T}) \tag{2-7}$$

为了简明起见,将流体运动诸量中用来表示理想条件下角"T"取消,可得:

$$H_T = \frac{1}{g}(u_2 v_{u2} - u_1 v_{u1}) \tag{2-8}$$

此式表达了实际叶轮工作时,流体从外加能量所获得的理论扬程值。这个公式也叫做理论扬程方程式。应当指出,这里 $H_T < H_{T\infty}$ 的后果,并非由于任何流动损失所引起,仅仅是由于叶片有限,不能很好地控制流动,产生了相对涡流所致。

2.3.4　理论扬程 H_T 之组成

流体的机械能包括位能、压能和动能三部分,理论扬程中这三部分能量的组成如何呢? 为了说明 H_T 与哪些运动因素有关,以及总扬程中动压水头和静压水头所占的比例,现将图 2-4(d) 中的进、出口速度三角形按三角形的余弦定理展开:

$$w_2^2 = u_2^2 + v_2^2 - 2u_2 v_2 \cos\alpha_2 = u_2^2 + v_2^2 - 2u_2 v_{u2}$$

$$w_1^2 = u_1^2 + v_1^2 - 2u_1 v_1 \cos\alpha_1 = u_1^2 + v_1^2 - 2u_1 v_{u1}$$

两式移项后代入式(2-8),经整理可得出理论扬程方程式的另一种形式:

$$H_T = \frac{v_2^2 - v_1^2}{2g} + \frac{u_2^2 - u_1^2}{2g} + \frac{w_1^2 - w_2^2}{2g} \tag{2-9}$$

可见流体所获得的理论总扬程有以下三部分组成:

(1) 第一项是单位重量流体的动能增量,也叫动压水头增量,即:

$$H_{Td} = \frac{v_2^2 - v_1^2}{2g} \tag{2-10}$$

通常在总扬程相同的条件下,该项动压水头的增量不易过大。虽然,人们利用导流器及蜗壳的扩压作用,可使一部分动压水头转化为静压水头,但其流动的水力损失也会增大。

其余两项虽然形式上也是流速水头差,但是由伯努利能量方程可知,该水头差实际上是单位重量流体获得的压力势能的增量,也叫静压水头增量,用 H_{Tj} 表示。

$$H_{Tj} = \frac{u_2^2 - u_1^2}{2g} + \frac{w_1^2 - w_2^2}{2g} = \frac{p_2 - p_1}{\gamma} \tag{2-11}$$

(2) 式(2-11)的第一项 $(u_2^2 - u_1^2)/2g$ 是单位重量流体在叶轮旋转时所产生的离心力所作的功 W,使流体自进口(r_1 处)到出口(r_2 处)产生一个向外的压能(静压水头)增量 ΔH_{jR}。因流体的离心力 $= mr\omega^2$,所以单位重量离心力为 $\frac{1}{g}r\omega^2$,故有

$$\Delta H_{jR} = W = \int_{r_1}^{r_2} \frac{1}{g}\omega^2 r \mathrm{d}r = \frac{1}{2g}(\omega^2 r_2^2 - \omega^2 r_1^2) = \frac{u_2^2 - u_1^2}{2g}$$

该式说明,因离心机中流体呈径向流动,且圆周速度 $u_2 > u_1$,故其离心力作用很强,但对轴流机来说,因流体沿轴向流动故此时 $u_2 = u_1$,所以不受离心力作用。

(3) 式(2-11)的第二项 $\frac{w_1^2 - w_2^2}{2g}$ 是由于叶片间流道展宽,以致相对速度有所降低而获得的静压水头增量,它代表着流体经过叶轮时动能转化为压能的份量。由于此相对速度变化不大,故其增量较小。

【例 2-1】　有一离心泵,已知叶轮直径 $D_1 = 120\,\mathrm{mm}$,出口直径 $D_2 = 240\,\mathrm{mm}$,进口宽度 $b_1 = 27\,\mathrm{mm}$,出口宽度 $b_2 = 15\,\mathrm{mm}$,进口安装角 $\beta_1 = 15°$,出口安装角 $\beta_2 = 22°$,叶轮转速 $n = 1800\,\mathrm{r/min}$.

忽略叶片厚度的影响。求：

(1) 液体径向流入 $\alpha_1 = 90°$ 时理论流量 Q_T。

(2) 出口工作角 α_2 及理论扬程 $H_{T\infty}$。

(3) 理论功率 N_T。

(4) 离心泵的理论能头中，动能增量与静能增量各多少。

解：(1) $u_1 = \dfrac{\pi D_1 n}{60} = \dfrac{\pi \times 0.12 \times 1\,800}{60} = 11.30\ (\text{m/s})$

$\alpha_1 = 90°$

$v_1 = v_{r1} = u_1 \tan\beta_1 = 11.3 \times \tan 15° = 3.03\ (\text{m/s})$

$Q_T = v_{r1} \pi D_1 b_1 = 3.03 \times \pi \times 0.12 \times 0.027 = 0.031\ (\text{m}^3/\text{s})$

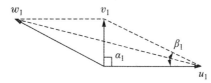

(2) $v_{r2} = \dfrac{Q}{\pi D_2 b_2} = \dfrac{0.031}{\pi \times 0.24 \times 0.015} = 2.74\ (\text{m/s})$

$u_2 = \dfrac{\pi D_2 n}{60} = \dfrac{\pi \times 0.24 \times 1\,800}{60} = 22.61\ (\text{m/s})$

$v_{u2} = u_2 - v_{r2} \cot\beta_2 = 22.61 - 2.74 \times \cot 22° = 15.83\ (\text{m/s})$

$\alpha_2 = \arctan\left(\dfrac{v_{r2}}{v_{u2}}\right) = \arctan \dfrac{27.4}{15.83} = 9.82°$

$H_{T\infty} = \dfrac{1}{g} u_2 v_{u2} = \dfrac{1}{g} \times 22.61 \times 15.83 = 36.5\ (\text{m})$

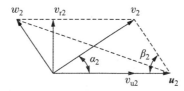

(3) 理论功率：

$$N_T = \gamma Q_T H_{T\infty} = 9.807 \times 0.031 \times 36.5 = 11.1\ (\text{kW})$$

(4) $v_2 = \sqrt{v_{r2}^2 + v_{u2}^2} = \sqrt{2.74^2 + 15.83^2} = 16.07\ (\text{m/s})$

动能增量

$$H_d = \dfrac{v_2^2 - v_1^2}{2g} = \dfrac{16.07^2 - 3.03^2}{2g} = 12.7\ (\text{m})$$

相对速度

$$w_1 = \dfrac{v_{r1}}{\sin\beta_1} \cdot \dfrac{3.03}{\sin 15°} = 11.71\ (\text{m/s})$$

$$w_2 = \dfrac{v_{r2}}{\sin\beta_2} \cdot \dfrac{2.74}{\sin 22°} = 7.31\ (\text{m/s})$$

静能增量

$$H_j = \frac{u_2^2 - u_1^2}{2g} + \frac{w_2^2 - w_1^2}{2g}$$

$$= \frac{22.61^2 - 11.30^2}{2g} + \frac{11.71^2 - 7.31^2}{2g}$$

$$= 19.55 + 4.27 = 23.8 \text{(m)}$$

2.4　叶轮叶片型式及其对理论性能的影响

在设计泵或风机时,总是使进口绝对速度 v_1 与圆周速度 u_1 间的工作角 $\alpha_1 = 90°$。这时流体按径向进入叶片间的流道,理论扬程方程式就简化为

$$H_T = \frac{1}{g} u_2 v_{u2} \tag{2-12}$$

要使流体径向地进入叶片间的流道,可以适当设计叶片的进口方向来保证,因叶片的方向是取决于安装角。当叶片进口安装角在设计流量下保证流体径向进入流道后,剩下的问题是以式(2-12)表达的理论扬程 H_T 与出口安装角 β_2 有什么样的关系?

将图2-4(e)所示的速度三角形按叶片出口2处的参数进行讨论,可得:

$$v_{u2} = u_2 - v_{r2} \cot \beta_2$$

代入式(2-12),就有:

$$H_T = \frac{1}{g} (u_2^2 - u_2 v_{r2} \cot \beta_2) \tag{2-13}$$

就叶轮直径固定不变的某一设备而论,在相同的转速下,从式(2-13)可以发现叶片出口安装角 β_2 的大小对理论扬程 H_T 是有直接影响的。

图2-7绘有三种不同出口安装角 β_2 的叶轮叶型示意图。

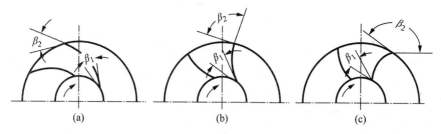

图 2-7　叶轮叶型与出口安装角

(a) 后向叶型　　(b) 径向叶型　　(c) 前向叶型

当 $\beta_2 < 90°$ 时,$\cot \beta_2 > 0$,这时 $H_T < \frac{u_2^2}{g}$,叶片出口方向和叶轮旋转方向相反,这种叶型叫做后向叶型,如图 2-7(a)所示;

当 $\beta_2 = 90°$ 时,$\cot \beta_2 = 0$,这时 $H_T = \frac{u_2^2}{g}$,叶片出口按径向装设,这种叶型称为径向叶型,如图 2-7(b)所示;

当 $\beta_2 > 90°$ 时,$\cot \beta_2 < 0$,这时 $H_T > \frac{u_2^2}{g}$,叶片出口方向和叶轮旋转方向相同,这种叶型叫做

前向叶型,如图 2-7(c)所示。

根据以上分析,在流量、尺寸、转速相同的情况下,似乎可以得出以下结论:具有前向叶型的叶轮所获得的扬程最大,其次为径向叶型,而后向叶型的叶轮所获得的扬程最小,因此似乎具有前向叶型的泵与风机的效果最好。

但是,这种看法是不全面的,下面进一步分析不同叶轮型式对理论扬程组成的影响。

下面首先研究分析总能中的动压头情况。

通常在离心泵和风机的设计中,除使流体径向进入流道外,常令叶片进口截面积近似等于出口截面积。以 A 代表这些截面积时,根据连续性原理可得出:

$$v_1 A = v_{r1} A = v_{r2} A$$

则

$$v_1 = v_{r1} = v_{r2}$$

将此式代入式(2-10),并按速度三角形(图 2-4(e))可得到动压头 H_{Td} 与出口切向分速 v_{u2} 之间的关系:

$$H_{Td} = \frac{v_2^2 - v_1^2}{2g} = \frac{v_2^2 - v_{r2}^2}{2g} = \frac{v_{u2}^2}{2g} \tag{2-14}$$

由此可见,理论扬程 H_T 中的动压水头成分 H_{Td} 是与出口速度的切向分速 v_{u2} 的平方成正比的。

当 $\beta_2 < 90°$ 时,$\cot \beta_2 > 0$,$v_{u2} = u_2 - v_{r2} \cot \beta_2 < u_2$,所以有 $H_T = \frac{u_2 v_{u2}}{g} > \frac{v_{u2}^2}{g}$ 则 $H_{Td} = \frac{v_{u2}^2}{2g} < \frac{1}{2} H_T$,动压水头小于理论扬程的一半;

当 $\beta_2 = 90°$ 时,$\cot \beta_2 = 0$,$v_{u2} = u_2$,所以有 $H_T = \frac{u_2 v_{u2}}{g} = \frac{v_{u2}^2}{g}$,则 $H_{Td} = \frac{v_{u2}^2}{2g} = \frac{1}{2} H_T$,动压水头等于理论扬程的一半;

当 $\beta_2 > 90°$ 时,$\cot \beta_2 < 0$,$v_{u2} = u_2 - v_{r2} \cot \beta_2 > u_2$,所以有 $H_T = \frac{u_2 v_{u2}}{g} < \frac{v_{u2}^2}{g}$,则 $H_{Td} = \frac{v_{u2}^2}{2g} > \frac{1}{2} H_T$,动压水头大于理论扬程的一半。

如前所述,动压水头成分大,流体在蜗壳及扩压器中的流速大,从而动静压转换损失必然较大。在其他条件相同时,尽管前向叶型的泵与风机总的扬程较大,但能量损失也大,效率较低。因此,离心式水泵及大型风机,为了增加效率或降低噪声水平,也几乎都采用后向叶型。但就中小型风机而论,效率不是主要考虑因素,也有采用前向叶型的,这是因为叶轮是前向叶型的风机,在相同的压头下,轮径和外形可以做得较小。根据这个原理,在微型风机中,大多采用前向叶型的多叶叶轮。至于径向叶型叶轮的泵或风机的性能,由于它加工容易,出口沿径向,不易积尘堵塞,多用于污水泵、排尘风机以及耐高温风机等。

2.5 离心式泵与风机的理论性能曲线

本节研究泵或风机所具备的技术性能的表达方式。泵与风机的扬程、流量、功率、效率和转速等性能是互相影响的,当一个参数变化时,其他的都随之变化,这种函数关系用曲线表示,就是泵与风机的性能曲线。

通常用以下三种形式来表示这些性能之间的关系：

（1）泵或风机所提供的流量和扬程之间的关系，用 $H=f_1(Q)$ 来表示；

（2）泵或风机所提供的流量和所需外加轴功率之间的关系，用 $N=f_2(Q)$ 来表示；

（3）泵或风机所提供的流量与设备本身效率之间的关系，用 $\eta=f_3(Q)$ 来表示。

理论性能曲线是从欧拉方程出发，研究无损失流动这一理想条件下 $H_T=f_1(Q_T)$ 及 $N_T=f_2(Q_T)$ 的关系。

如叶轮出口前盘与后盘之间的轮宽为 b_2，则叶轮在工作时所排出的理论流量应为：

$$Q_T = \varepsilon \pi D_2 b_2 v_{r2} \tag{2-15}$$

式中符号同前。将式（2-15）变换后代入（2-13）可得：

$$H_T = \frac{u_2^2}{g} - \frac{u_2}{g} \cdot \frac{Q_T}{\varepsilon \pi D_2 b_2} \cot\beta_2$$

对于大小一定的泵或风机来说，转速不变时，上式中 u_2,g,ε,D_2 及 b_2 均为定值，故上式可改写为：

$$H_T = A - B\cot\beta_2 \cdot Q_T \tag{2-16}$$

式中，$A=\dfrac{u_2^2}{g}$，$B=\dfrac{u_2}{g}\cdot\dfrac{1}{\varepsilon\pi D_2 b_2}$，均为常数，而 $\cot\beta_2$ 代表叶型种类，也是常量。此时说明在固定转速下，不论叶型如何，泵或风机理论上的流量与扬程关系是线形的。同时还可以看出，当 $Q_T=0$ 时，$H_T=A=\dfrac{u_2^2}{g}$。图2-8为3种不同叶型的泵和风机理论上的流量-扬程曲线。显然由 $B\cot\beta_2$ 所代表的曲线斜率是不同的，因而3种叶型具有各自的曲线倾向。

下面研究理论上的流量与外加功率的关系。

在无损失流动条件下，理论上的有效功率就是轴功率，可按式（1-4）计算，即：

$$N_e = N_T = \gamma Q_T H_T$$

当输送某种流体时，$\gamma=$ 常数。用式（2-16）代入此式可得：

$$N_T = \gamma Q_T (A - B Q_T \cot\beta_2) \tag{2-17}$$

可见对于不同的 β_2 值具有不同形状的曲线。但当 $Q_T=0$ 时，3种叶型的理论轴功率都等于零，3条曲线同相交于原点（见图2-9）。

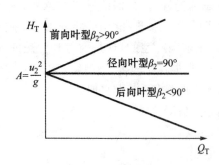

图2-8　3种不同叶型的泵和
风机理论上的流量-扬程曲线

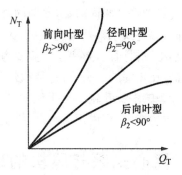

图2-9　3种不同叶型的泵和
风机理论上的流量-功率曲线

对于具有径向叶型的叶轮来说，$\beta_2 = 90°$，$\cot \beta_2 = 0$，功率曲线为一条直线。

当叶轮为前向叶型时，$\beta_2 > 90°$，$\cot \beta_2 < 0$，式中括号内第二项为正，功率曲线是一条向上凹的二次曲线。

后向叶型的叶轮中，$\beta_2 < 90°$，$\cot \beta_2 > 0$，括号内第二项为负，功率曲线为一条向下凹的曲线。

根据以上分析，可以定性地（只能是定性地）说明不同叶型的曲线倾向。这对以后研究泵或风机的实际性能曲线是很有意义的。因为从图 2-8 中的 Q_T-H_T 曲线和图 2-9 中的 Q_T-N_T 曲线可以看出，前向叶型的风机所需的轴功率随流量的增加而增长得很快。因此，这种风机在运行中增加流量时，原动机超载的可能性要比径向叶型风机大得多，而后向叶型的风机几乎不会发生原动机超载的现象。

在理想条件下，各项损失为零，因此效率恒为 100%。

应当指出，这一节内容都是在无能量损失的条件下分析的，因此所得出的 Q_T-H_T 曲线和 Q_T-N_T 曲线都属于泵或风机的理论性能曲线。只有在计入各项损失的情况下，才能得出它们的实际性能曲线。

2.6　泵与风机的损失与效率

前面在推导欧拉方程时，曾引入了无限多且无限薄叶片和不计流动损失的理想条件。对叶片有限多的叶轮，已采用涡流修正系数加以修正。于是剩下的问题，就是如何从理论扬程 H_T 中扣除其流动损失了。

现在研究机内损失问题。进一步将泵或风机的理论性能曲线过渡到实际的性能曲线，最后将得出泵或风机的流量-效率曲线，即 Q-η 曲线来表明 $\eta = f_3(Q)$ 的关系，这是泵或风机的实际性能曲线之一。上述所有的实际性能曲线，今后通称为性能曲线。

应当着重指出，由于流动情况十分复杂，还不能用分析方法精确地计算这些损失。当运行工况偏离设计工况时，尤其如此。所以各制造工厂目前都只能采用试验方法直接得出性能曲线。但是从理论上研究这些损失并将这些损失加以分类整理，指出它们的基本概况，可以找出减少损失的途径。

泵或风机损失可分为机械损失，容积损失（减少流量），流动水力损失（降低实际压力）。

2.6.1　机械损失

泵和风机的机械损失包括轴承和轴封的摩擦损失，还包括叶轮转动时其外表与机壳内流体之间发生的所谓圆盘摩擦损失。泵的机械损失中圆盘摩擦损失常占主要部分。

圆盘摩擦损失与叶轮外径、转速以及圆盘外侧与机壳内侧的粗糙度等因素有关。叶轮外径越大，转速越大，圆盘摩擦损失也越大。泵的轴封如采用填料密封结构时，压盖压装很紧会使机械损失大增。这是填料发热的主要原因，在小型泵中甚至难以起动。

根据经验，正常情况下泵的轴承和轴封摩擦损失的功率 ΔN_1 可以达到以下程度：

$$\Delta N_1 = (0.01 \sim 0.03) N \qquad (2\text{-}18)$$

泵的圆盘摩擦损失的功率 ΔN_2 为：

$$\Delta N_2 = k n^3 D_2{}^5 \qquad (2\text{-}19)$$

式中,N 是泵的轴功率,k 是实验系数,其余符号同前。

当泵的扬程一定时,增加叶轮转速可以相应的减少轮径。根据式(2-19),增加转速后,圆盘摩擦损失仍可能有所降低。这是目前泵的转速逐渐提高的原因。

机械损失的总功率 ΔN_m 为:

$$\Delta N_m = \Delta N_1 + \Delta N_2$$

泵或风机的机械损失可以用机械效率 η_m 来表示:

$$\eta_m = \frac{N - \Delta N_m}{N} \tag{2-20}$$

减小机械损失的一些措施包括:①合理地压紧填料压盖,对于泵采用机械密封;②对给定的扬程,增加转速,相应减小叶轮直径;③将铸铁壳腔内表面涂漆,效率可以提高 2%~3%;叶轮盖板和壳腔粗糙面用砂轮磨光,效率可提高 2%~4%;④适当选取叶轮和壳体的间隙,可以降低圆盘摩擦损失,一般取 $B/D_2 = 2\%\sim5\%$。

2.6.2　容积损失

叶轮工作时,机内存在压力较高和压力较低的两部分。同时,由于结构上有运动部件和固定部件之分,这两种部件之间必然存在着缝隙。这就使流体有从高压区通过缝隙泄漏到低压区的可能性(见图 2-10)。这部分回流到低压区的流体流经叶轮时,显然也获得能量,但未能有效利用。回流量的多少取决于叶轮增压大小,取决于固定部件与运动部件间的密封性能和缝隙的几何形状。除此而外,对于离心泵来说,还有流过为平衡轴向推力而设置的平衡孔的泄漏回流量等。

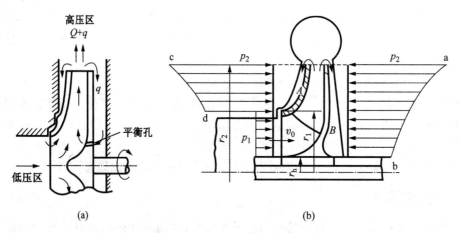

图 2-10　容积损失示意图

通常用容积效率 η_v 来表示容积损失的大小。如以 q 表示泄漏的总回流量,则:

$$\eta_v = \frac{Q_T - q}{Q_T} = \frac{Q}{Q_T} \tag{2-21}$$

式中,$Q = Q_T - q$ 为泵与风机的实际流量。由此可见要提高容积效率 η_v,就必须减少回流量。

减少回流量可以采取以下两方面的措施:①尽可能增加密封装置的阻力,例如将密封环的间隙做得较小,且可做成曲折形状,如锯齿式和迷宫式,加大间隙长度减少回流;②密封环的直径尽可能地缩小,从而降低其周长使流通面积减少。实践还证明大流量泵或风机的回流量相对地较少,因而 η_v 值较高。离心式风机通常没有消除轴向力的平衡孔,且高压区与低压区之间的压差也较小,因而它们的 η_v 值也较高。

2.6.3　水力损失

流体流经泵或风机时,必然产生水力损失,包括吸入口至叶片进口、叶轮流道、叶轮出口至机壳出口的损失,这种损失同样也包括局部阻力损失和沿程阻力损失。水力损失的大小与过流部件的几何形状、壁面粗糙度以及流体的粘性密切相关。

机内阻力损失发生于以下几个部分。

第一,进口损失 ΔH_1。流体经泵或风机入口进入叶片进口之前,发生摩擦及 90°转弯所引起的水力损失。此项损失因流速不高而不致太大;

第二,撞击损失 ΔH_2。当机器实际运行流量与设计额定流量不同时,相对速度的方向就不再同叶片进口安装角的切线相一致,从而发生撞击损失,其大小与运行流量和设计流量差值之平方成正比,如图 2-11;

第三,叶轮中的水力损失 ΔH_3。它包括:叶轮中的摩擦损失和流道中流体速度大小、方向变化及离开叶片出口等局部阻力损失;

第四,动压转换和机壳出口损失 ΔH_4。流体离开叶轮进入机壳后,有动压转换为静压的转换损失,以及机壳出口损失。

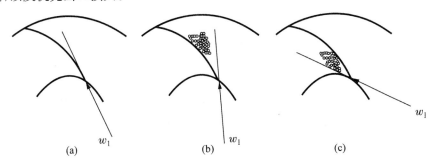

图 2-11　撞击损失示意图

(a) 等于设计流量　(b) 大于设计流量　(c) 小于设计流量

于是,水力损失的总和 $\sum \Delta H = \Delta H_1 + \Delta H_2 + \Delta H_3 + \Delta H_4$,上述 4 部分水力损失都遵循流体力学中流动阻力的规律,见式(2-22)和式(2-23)。

$$\Delta H_1 + \Delta H_3 + \Delta H_4 = \sum k_i Q^2 \tag{2-22}$$

$$\Delta H_2 = k_2 (Q - Q_d)^2 \tag{2-23}$$

撞击损失和其他水力损失与流量的关系以及总水力损失与流量的关系如图 2-12 所示,图中 Q_d 表示设计流量。

水力损失常以水力效率 η_h 来估计。当用 $\sum \Delta H$ 表示各过流部件水力损失的总和,则 η_h 可以下式表示:

$$\eta_h = \frac{(H_T - \sum \Delta H)}{H_T} = \frac{H}{H_T} \tag{2-24}$$

式中 $H = H_T - \sum \Delta H$ 为泵或风机的实际扬程。

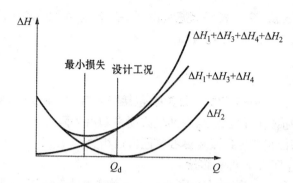

图 2-12 撞击损失、其他水力损失和总水力损失与流量的关系

2.6.4 泵与风机的全效率

现在研究泵与风机的全效率 η 及其与式(2-20)、式(2-21)及式(2-24)所表达的各分效率之间的关系。

当只考虑机械效率时,供给泵或风机的轴功率应为:

$$N = \frac{\gamma Q_T H_T}{\eta_m}$$

而泵或风机实际所得的有效功率是由式(1-4)表示的,即:

$$N_e = \gamma Q H$$

因此,按照效率的定义结合式(2-21)与式(2-24),泵和风机的全效率可以由下式导出:

$$\eta = \frac{N_e}{N} = \frac{\gamma Q H}{\gamma Q_T H_T} \cdot \eta_m = \eta_v \eta_h \eta_m \tag{2-25}$$

由此可见泵和风机的全效率等于容积效率,水力效率及机械效率的乘积。离心泵的总效率在 62%～92% 范围内,离心风机约在 50%～90% 范围内。

2.7 泵与风机的实际性能曲线

前面已经研究了离心式泵与风机的工作原理和流体在叶轮中的流动情况,导出了理论扬程方程式与 Q_T-H_T 和 Q_T-N_T 曲线,并讨论了泵和风机内部的各种能量损失。现在可以进一步研究各工作参数之间的实际关系,并据此得出泵或风机的实际性能曲线。由于目前对机器内部流动损失的计算,还停留在半理论半经验的估算阶段,尚难通过精确计算来决定泵或风机的实际扬程,故其实际性能曲线也只好凭借试验获取了。

在图 2-13 中采用流量 Q 与扬程 H 组成直角坐标系,纵轴上还标注了功率 N 和效率 η 的尺度。

以后向叶型的叶轮泵与风机为例,按无限多叶片的欧拉方程,根据理论流量和扬程的关系式(2-16),可以绘制一条 $Q_{T\infty}$-$H_{T\infty}$ 的关系曲线,这是图中的曲线 I。

考虑相对涡流的影响,根据式(2-6),可以绘出一条 Q_T-H_T 曲线,如图中之 II。当 $Q_T = 0$ 时,$H_T = \dfrac{u_2^2}{g}$。

当机器内存在水力损失时,流体必将消耗部分能量用来克服流动阻力。这部分损失应从曲线Ⅱ中扣除,于是就得出如曲线Ⅲ的曲线。所扣除的包括以直影线部分代表的撞击损失和以倾斜影线部分代表的其他水力损失。

除水力损失以外,还应从曲线Ⅲ扣除泵与风机的容积损失。容积损失是以泄漏流量 q 的大小来估算的。可以证明当泵与风机结构不变时,q 值与扬程的平方根成比例,因而能够作出一条 q-H 的关系曲线,如图 2-13 左侧所示。曲线Ⅳ就是从曲线Ⅲ扣除相应的 q 值后得出的泵与风机的实际性能曲线,即 Q-H 曲线。

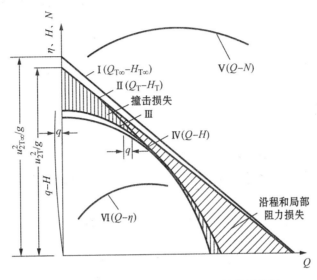

图 2-13　离心式泵与风机的实际性能曲线分析

流量-功率曲线仅表明泵与风机的流量和轴功率之间的关系。因为轴功率 N 是理论功率 $N_T = \gamma Q_T H_T$ 与机械损失功率 ΔN_m 之和,即:

$$N = N_T + \Delta N_m = \gamma Q_T H_T + \Delta N_m \tag{2-26}$$

根据这一关系式,可以在图 2-13 中的Ⅴ绘制一条 Q-N 曲线。

有了 Q-N 和 Q-H 两曲线,按式(1-6)计算的在不同流量下的 η 值,从而得出的 Q-η 曲线,如图中的Ⅵ。当 $Q=0$ 和 $H=0$ 时,效率都等于0,所以,在 Q-η 曲线上存在最高效率点,最高点表明为最大效率 η_{max},它的位置与设计流量是相对应的。一般以 $\eta \geqslant 0.9\eta_{max}$ 作为高效区。

Q-H、Q-N 和 Q-η 三条曲线是泵与风机在一定转速下的基本性能曲线。其中最重要的是 Q-H 曲线,因为它揭示了泵或风机的两个最重要、最有实用意义的性能参数之间的关系。通常按照 Q-H 曲线的大致倾向可将其分为下列 3 种:①平坦型;②陡降型;③驼峰型,如图 2-14 所示。

具有平坦型 Q-H 曲线的泵或风机,当流量变动很大时能保持基本恒定的扬程。陡降型曲线的泵或风机则相反,即流量变化时,扬程的变化相对地较大。至于驼峰型曲线的泵或风机,当流量自零逐渐增加时,相应的扬程最初上升,达到最高值后开始下降。具有驼峰型曲线的泵与风机在一定的运行条件下可能出现不稳定工作。这种不稳定工作,是应当避免的。

风机的性能曲线中除 Q-p、Q-N 和 Q-η 外,有时根据式(1-8)和式(1-2)绘出静压曲线 Q-p_{st} 和静压效率曲线 Q-η_{st}(见图 2-15)。

如前所述,泵和风机的性能曲线实际上都是由制造厂根据实验得出的。这些性能曲线是选用泵或风机和分析其运行工况的根据。尽管在使用中还用其他类型的性能曲线。

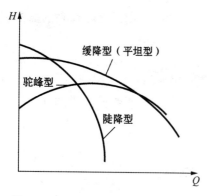

图 2-14　3 种实际流量扬程曲线图示

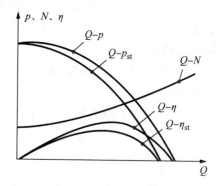

图 2-15　风机的静压曲线和静压效率曲线

思考题与习题

（1）试简述离心式泵与风机的工作原理。

（2）流体在旋转的叶轮内是如何运动的？各用什么速度表示？其速度矢量可组成怎样的图形？

（3）离心式泵与风机当实际流量在有限叶片叶轮中流动时，对扬程（全压）有何影响？如何修正？

（4）离心式泵与风机有哪几种叶片形式？各对性能有何影响？为什么离心泵均采用后弯式叶片？何以前向叶型泵与风机容易超载？

（5）为什么离心式泵与风机的效率曲线有一个最高效率点？

（6）在泵与风机内有哪几种机械能损失？试分析损失的原因以及如何减小这些损失。证明全效率等于各分效率乘积。

（7）欧拉方程指出：流体所获得的理论扬程与被输送液体的种类无关。如何理解？泵起动前为什么必须充满水？

（8）有一离心式水泵，其叶轮尺寸如下：$b_1 = 35\,mm$，$b_2 = 19\,mm$，$D_1 = 178\,mm$，$D_2 = 381\,mm$，$\beta_1 = 18°$，$\beta_2 = 20°$。设流体径向流入叶轮，如 $n = 1450\,r/min$，试画出出口速度三角形，并计算理论流量和在该流量时的无限多叶片的理论扬程。

（9）有一离心式水泵，叶轮外径 $D_2 = 360\,mm$，出口过流断面面积 $A_2 = 0.023\,m^2$，叶片出口安装角 $\beta_2 = 30°$，流体径向流入叶轮，求转速 $n = 1480\,r/min$，流量 $Q_T = 86.8\,L/s$ 时的理论扬程 H_T。设相对涡流系数取 0.82。

（10）有一离心式风机，转速 $n = 1500\,r/min$，叶轮外径 $D_2 = 600\,mm$，内径 $D_1 = 480\,mm$，叶片进、出口处空气的相对速度为 $w_1 = 25\,m/s$ 及 $w_2 = 22\,m/s$，它们与相应的圆周速度的夹角分别为 $\beta_1 = 60°$，$\beta_2 = 120°$，空气密度 $\rho = 1.2\,kg/m^3$。绘制进口及出口速度三角形，并求无限多叶片叶轮所产生的理论全压 $p_{T\infty}$。

（11）有一台多级锅炉给水泵，需要满足扬程 $H = 176\,m$，流量 $Q = 81.6\,m^3/h$，试求该泵所需的级数和轴功率各是多少？计算中不考虑涡流修正系数，其余已知条件如下：

叶轮外径 $D_2 = 254\,mm$，水力效率 $\eta_h = 92\%$，容积效率 $\eta_v = 90\%$，机械效率 $\eta_m = 95\%$，转速 $n = 1440\,r/min$，流体出口绝对流速的切向分速为出口圆周速度的 55%。

第 3 章　轴流式泵与风机的基本理论

3.1　轴流式泵与风机的特点和参数

当工程需要大流量和较低压头时,离心机将难当此任,而轴流式泵与风机则恰能满足此种要求。轴流式泵与风机利用旋转叶轮中叶片对流体作用的升力使流体获得能量,升高其压能和动能,叶轮安装在圆筒形(风机为圆锥形)泵壳内。当电动机带动叶轮作高速旋转运动时,由于叶片对流体的推力作用,迫使自吸入管吸入机壳的气体产生回转上升运动,从而使气体的压强及流速增高。增速增压后的气体经固定在机壳上的导叶作用,使气体的旋转运动变为轴向运动,把旋转的动能变为压力能而自压出管流出。大型轴流风机常用电动机通过皮带或三角皮带来驱动叶轮。轴流式泵与风机适用于大流量、低压力。制冷系统中常用作循环水泵及送引风机。常用的轴流风机用途有:一般厂房通风换气;冷却塔通风;纺织厂通风换气;降温凉风用通风;空气调节;锅炉通风、引风;矿井通风;隧道通风等等。轴流泵主要应用于输送清水或者物理化学性质类似于清水的液体,可供电站循环水、城市给水或者农田灌溉等。

轴流式泵与风机的主要构造如图 3-1 所示。叶轮由叶片与轮毂组成,叶片以一定的安装角固定在轮毂上,轮毂固定在转轴上。由轴带动在机壳内高速旋转。图 3-2 是立式轴流泵的工作示意图,主要由吸入管(进水喇叭口)、叶轮、导叶、轴和轴承、机壳、出水弯管及密封装置等组成。泵的导叶确定流体通过叶轮前或后的流动方向,使流体以最小的损失获得最大的能量,对于后导叶还有将旋转运动的动能转换为压力能的作用。

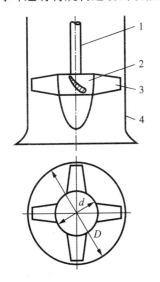

图 3-1　轴流式泵与风机示意图

1-轴;2-轮毂;3-叶片;4-机壳

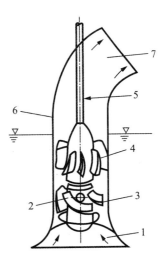

图 3-2　轴流式泵工作示意图

1-吸入管;2-叶片;3-叶轮;4-导叶;5-轴;6-机壳;7-出水管

轴流风机与离心风机相比,具有流量大、全压低、流体在叶轮中沿轴向流动等特点。轴流风机的其他特点可归纳为:

(1) 结构紧凑、外形尺寸小,重量轻。

(2) 动叶可调轴流式泵与风机,由于动叶安装角可随外界负荷变化而改变,因而变工况调节性能好,工作范围大。

(3) 动叶可调轴流泵与风机的转子结构较复杂,转动部件多,制造、安装精度要求高,维护工作量大。

(4) 轴流风机的耐磨性不如离心风机。

(5) 轴流泵与风机噪声大,可达 $110 \sim 130\,\mathrm{dB(A)}$,离心式一般为 $90 \sim 110\,\mathrm{dB(A)}$。

3.2 轴流式泵与风机基本方程

在轴流式泵与风机叶轮中,流体的运动是一个复杂的空间运动。流体的质点运动具有三个垂直的分量:圆周速度、轴向速度和径向速度。为了分析问题简化,通常把复杂的空间运动简化为径向分速为零的圆柱面上的流动,该圆柱面称为流面,而且相邻圆柱面上流体质点的流动互不相关。实验证明,在设计工况下,流体质点的径向分速很小,在工程上可以忽略不计。根据圆柱层无关性假设,研究轴流式叶轮内复杂的空间运动,可以简化为圆柱面上的流动,即孤立叶片两向流的问题来研究。

轴流式风机的叶型是指叶片横截面的形状。叶片有板型、机翼型等多种。叶片从根部到叶梢常是扭曲的。研究轴流式风机的理论时,常利用直列叶栅的概念。沿任意半径 R 截取圆柱面,圆柱面沿母线割开后与各叶片相交得到一系列截面,各叶片截面等距离排列,将它展开成平面称为直列叶栅图,如图 3-3 所示。在直列叶栅中,每个截面的绕流运动情况相同,只要研究一个截面的绕流运动即可。

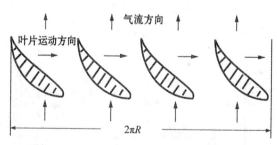

图 3-3 直列叶栅图

叶轮圆柱流面上任一质点的绝对速度等于相对速度和圆周速度的矢量和,速度三角形的做法和离心式泵与风机基本相同(见图 3-4)。在同一半径上截取的直列叶栅图中,进口与出口的气流圆周速度都是相同的。以后可以看出正是这些特点导致轴流式风机在性能上有别于离心式风机。但按不同半径截取的叶栅将具有不同的圆周速度。当气流以流速 v_0 流向叶片时,气流质点除获得圆周速度 u 外,还有沿叶片滑动的相对速度 w。用下角 1 和 2 分别表示气流进入叶片与离开叶片的参数,同样可以用速度三角形来描述气流的运动情况。离开叶片的气流由于叶片的旋转而偏离原来的 v_0 的方向,如图 3-4(c)中的 v_2。当叶轮下游侧设有整流叶片时,可以使气流重新恢复到 v_0 的方向。

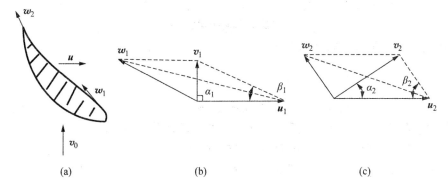

图 3-4　直列叶栅流体质点的速度三角形图

叶轮的进口过流面积与出口过流面积相等,如不考虑叶片厚度的影响,过流面积为

$$A_1 = A_2 = \frac{\pi}{4}(D^2 - d^2) \tag{3-1}$$

式中 D 为叶轮外径,d 为轮毂直径。

叶轮进口轴向分速度 v_{a1} 与出口轴向分速度 v_{a2}
相等,即

$$v_{a1} = v_{a2} = \frac{Q_T}{\frac{\pi}{4}(D^2 - d^2)} = v_a \tag{3-2}$$

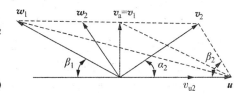

图 3-5　进、出口速度三角形重叠图

所以进出口速度三角形画在一起如图 3-5 所示。

轴流式风机与离心式风机具有同样的理论扬程方程式:

$$H_T = \frac{1}{g}(u_2 v_{u2} - u_1 v_{u1})$$

但是由于叶栅是按同一半径取得的,所以具有同样的圆周速度,即 $u_2 = u_1 = u$,故理论压头方程式应为:

$$H_T = \frac{u}{g}(v_{u2} - v_{u1}) \tag{3-3}$$

又由式(3-2)

$$v_{u2} = u - v_a \cot\beta_2$$
$$v_{u1} = u - v_a \cot\beta_1$$

综合有

$$H_T = \frac{u v_a}{g}(\cot\beta_1 - \cot\beta_2) \tag{3-4}$$

式(3-4)是用动量矩定理推导出来的轴流泵与风机的能量方程式,该能量方程建立了总能量与流动参数之间的关系。因 $u_2 = u_1 = u$,轴流泵与风机的能量方程式又可写为:

$$H_T = \frac{v_2^2 - v_1^2}{2g} + \frac{w_1^2 - w_2^2}{2g} \tag{3-5}$$

下面对式(3-4)和式(3-5)作几点说明:

(1)因为 $u_2 = u_1 = u$,故流体在轴流式泵与风机叶轮中获得的总能量远小于离心式,这是轴流式泵与风机的扬程远低于离心式的原因。

（2）$w_1 > w_2$ 时,可以提高压能,所以轴流式叶片常做成圆头尖尾的翼型。

（3）当 $\beta_2 = \beta_1$ 时,$H_T = 0$,流体不能从叶轮中获得能量。只有当 $\beta_2 > \beta_1$ 时,流体才能获得能量,两者相差越大,流体获得的能量越大。

（4）当 $v_{u1} = 0$ 处于设计工况时,可以获得最大的理论扬程 $H_T = \dfrac{u v_{u2}}{g}$。

（5）不同半径获得叶栅具有不同的圆周速度,所以流体在不同半径处获得的能量不等。半径大,圆周速度也大,所以扬程也大。这样能量分布不均匀,有可能发生径向流动,增加能量损失。为使能量均匀,常将叶片做成扭曲的形状,在不同半径处具有不同的安装角。半径越大,安装角越小。采用这种方法的目的是使叶片不同半径处具有不同的 v_{u2} 值,从而使乘积 $u v_{u2}$ 接近于不变,尽可能消除径向流动。

3.3　轴流式泵与风机的性能

下面研究轴流式风机的性能特点。轴流式泵与风机采用扭曲形叶片,只能保证在设计流量下流体的能量分布均匀。当流量大于或小于设计流量时,能量仍然是不均匀的,从而增加了能量损失,效率下降。特别是小流量时,由叶轮流出的流体,一部分又回到叶轮二次加压,发生二次回流现象。由于二次回流量是靠撞击来传递能量的,因此水力损失很大,致使效率急剧下降。因此,轴流式泵与风机的性能曲线具有以下特点(见图 3-6)。

由于上述情况,轴流泵与风机在性能曲线方面的特点可以归纳为如下 3 点:

（1）Q-H 曲线,大多属于陡降型曲线,曲线上有拐点。在小流量区域内出现马鞍形形状,在大流量区域内非常陡降,在零流量时,扬程最大。

（2）Q-N 曲线,在流量为零的时候 N 最大,H 下降很快,轴功率 $N = \dfrac{\gamma Q H}{\eta}$ 也有所降低,这样往往使轴流式风机在零流量下起动的轴功率为最大。因此,与离心式风机相反,轴流式风机应当在管路畅通下开动。尽管如此,当起动与停机时,总是会经过最低流量的,所以轴流式风机所配用的电动机要有足够的余量。

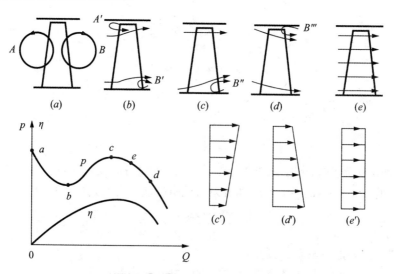

图 3-6　不同流量下轴流风机的流动状态及压头特性

（3）Q-η 曲线在最高效率点附近迅速下降，由于流量不在设计工况下，气流情况迅速变坏，以致效率下降得很快。所以轴流式风机的最佳工作范围较窄。一般都不设置调节阀门来调节流量。大型轴流风机常用可调节叶片安装角或改变转速方法来达到调节流量的目的。

从性能曲线上看，在设计工况（e 点）时，流体流线沿叶高分布均匀，效率最高；当流量大于设计值时（d 点），叶顶出口处产生回流，流体向轮毂偏转，损失增加，扬程（全压）降低，效率下降；流量小于设计值时（c 点、b 点、a 点），在叶片下部、背部产生边面层分离，形成脱流，流量很小时能量沿叶高偏差较大，形成二次回流。

图 3-7 为 30E-11 型轴流风机的性能曲线，图中曲线是按 4 种不同的安装角绘制的。

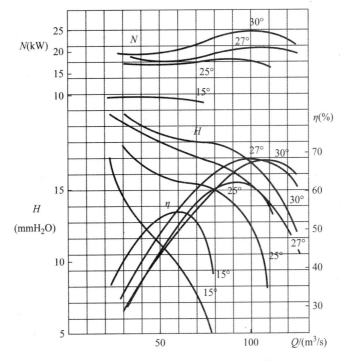

图 3-7　30E-11 型轴流风机的性能曲线

【例 3-1】　有一单级轴流式水泵，$n=300$ r/min，在直径为 980 mm 处的叶栅，水以 $v_1=4.01$ m/s 的速度从轴向流入叶轮，又以 $v_2=4.48$ m/s 的速度从叶轮流出，试求其理论扬程 H_T，并求叶轮进出口相对流速的角度变化（$\beta_2-\beta_1$）。

解：（1）$u=\dfrac{n\pi D}{60}=\dfrac{300\times3.14\times0.98}{60}=15.39$（m/s）

$v_{u1}=0$；$v_{a2}=\sqrt{v_2^2-v_a^2}=\sqrt{v_2^2-v_1^2}=\sqrt{4.48^2-4.01^2}=2$（m/s）

故 $H_T=\dfrac{u}{g}(v_{u2}-v_{u1})=\dfrac{15.39}{9.81}\times(2-0)=3.14$（m）

（2）由速度三角形知：

$\tan\beta_1=\dfrac{v_a}{u}=\dfrac{v_1}{u}=\dfrac{4.01}{15.39}=0.261$

有 $\beta_1=14°28'$

由 $\tan\beta_2=\dfrac{v_a}{u-v_{u2}}=\dfrac{v_1}{u-v_{u2}}=\dfrac{4.01}{15.39-2}=0.3$

有 $\beta_2 = 16°42'$

因此 $\beta_2 - \beta_1 = 2°4'$

3.4 轴流式泵与风机的基本型式

根据使用条件和要求不同,轴流式泵与风机有多种结构型式,下面介绍几种常见轴流式泵与风机的机构型式,如图 3-8 所示。

3.4.1 单个叶轮

轴流式泵与风机单个叶轮型式如图 3-8(a)所示,在泵与风机的机壳中只有一个叶轮,这是轴流式泵与风机最简单的结构型式。从叶轮出口速度三角形可知,流体流出叶轮后存在圆周分速度使流体产生绕轴的运动,伴随有能量损失,若减小出口旋转速度,则流体通过叶轮所获得的能量也要减少。因此,这种型式的泵与风机效率不高,一般 η 在 70%~80%之间,但是结构简单,制造方便,适用于小型低压轴流泵和低压轴流通风机。

3.4.2 单个叶轮后置导叶

单个叶轮后置导叶如图 3-8(b)所示,流体流出叶轮后存在圆周分速度,但流经导叶后改变了流动方向,将流体的旋转运动的动能转化为压力能,最后流体以 v_3 轴向流出,这种型式的轴流式泵与风机效率优于单个叶轮型式,一般 η 在 80%~88%之间,最高可达 90%,得到了广泛的应用。

3.4.3 单个叶轮前置导叶

单个叶轮前置导叶如图 3-8(c)所示,在设计工况下叶轮出口的绝对速度没有旋转运动分量,因为前置导叶使流体在进入叶轮之前,产生负预旋使流体加速,负预旋在设计工况下被叶轮校直,使流体沿轴向流出。这种型式布置有以下特点:

(1)前置导叶使流体在进入叶轮之前,可产生负预旋使流体加速,流体可以获得较高的能量。

(2)若导叶角度可改变,则可进行工况调节。同时,当流量变化时流体对叶片的冲角变动较小,运行较稳定。

(3)在获得同样的能量下,叶轮尺寸可减小,机体结构尺寸较小,占地面积较小,其效率可达 78%~82%。

但考虑泵气蚀的缘故,轴流泵一般不能有这种型式。

3.4.4 单个叶轮前、后均设置导叶

单个叶轮前、后均设置导叶的结构型式如图 3-8(d)所示,这种型式是单个叶轮后置导叶和单个叶轮前置导叶两种型式的综合,前置导叶若做成可动的,则可进行工况调节,后置导叶又可将从叶轮流出流体的旋转运动校直,其效率为 82%~85%,这种型式如果前导叶可调,则轴流风机可在变工况状态下工作,效果较好。在轴流泵中只能用后导叶起导流作用。

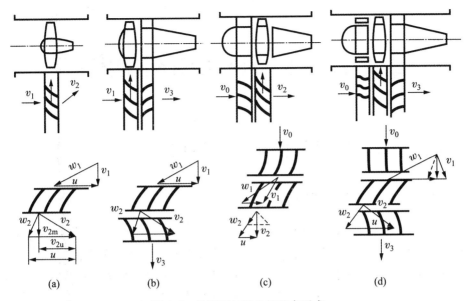

图 3-8　轴流泵与风机的基本型式

3.4.5　多级轴流风机型式

单级轴流风机,受到叶轮尺寸、转速等原因的限制,它的全压不可能太高。所以需要多级轴流风机来满足锅炉送引风的要求。两级轴流风机应用比较广泛(可在首级叶轮前装导叶)。一般轴流泵扬程不够用时,则往往用混流泵来取代。

思考题与习题

(1) 轴流式泵与风机与离心式相比较,有何性能特点? 使用于何种场合?

(2) 轴流叶轮进、出口速度三角形如何绘制?

(3) 轴流式泵与风机的扬程(全压)为什么远低于离心式?

(4) 轴流式泵与风机的性能曲线有何特点?

(5) 有一单级轴流式风机,转速 $n=1450$ r/min,在半径为 250 mm 处,空气沿轴向以 24 m/s 的速度流入叶轮,并在叶轮入口和出口相对速度之间偏转 $20°$,求此时的理论全压 p_T。空气密度 $\rho=1.2$ kg/m³。

第4章 泵与风机的结构组成

4.1 离心式泵的主要部件和基本结构

4.1.1 离心式泵的主要部件

离心式泵的三大部件包括:转体(转子)、静体、部分转体(密封装置及平衡装置等)。其中转体主要包括叶轮、轴、轴套、联轴器;静体主要包括吸入室、压出室、泵壳、泵座,通常吸入室、压出室、泵壳铸造成一体;部分转体主要包括:密封装置、轴向推力平衡装置和轴承等。离心式泵的主要部件有叶轮、吸入室、机壳(压出室)、导叶、密封环、轴封、轴向力平衡装置等。

1) 叶轮

叶轮是泵的最主要部件,它套装在泵轴上,将原动机输入的机械能传递给液体,使液体的能量得到提高,所以主要作用是对液体做功并提高液体的能量。叶轮水力性能的优劣对泵的效率影响最大,因而在传递能量的过程中流动损失应该最小。

叶轮主要由前盖板、后盖板、叶片及轮毂组成。液体从叶轮中心进入,流经前、后盖板间由各叶片形成的通道,由轮缘排出。叶片固定在轮毂或盖板上,叶片数目为6~12片。按叶轮盖板情况分开式叶轮、半开式叶轮、闭式叶轮,如图4-1所示。开式叶轮只有叶片没有前后盖板,泄流量大、效率低,用于输送粘性很大的液体或者输送含有大颗粒杂质的液体。半开式叶轮只有后盖板和叶片,用于输送含纤维、悬浮物等小颗粒杂质的流体。闭式叶轮有前后盖板的叶轮,泄流量小、效率高,扬程大,用于输送清水、油及其无杂质的液体。

叶轮一般可分为单吸式叶轮和双吸式叶轮两种。单吸式叶轮是单侧吸水,叶轮的前盖板与后盖板呈不对称状,如图4-2所示,泵内产生的轴向力方向指向进水侧,单级单吸离心泵才采用这种叶轮型式。双吸式叶轮是两侧进水,叶轮盖板呈对称状,如图4-3所示,相当于两个背靠背的单吸式叶轮装在同一根转轴上并联工作。由于双侧进水,轴向推力基本上可以相互抵消,双吸离心泵采用双吸式叶轮,双吸式叶轮适用于大流量和提高泵气蚀性能的场合。

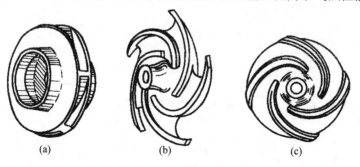

图 4-1 叶轮的类型

(a) 闭式叶轮　(b) 开式叶轮　(c) 半开式叶轮

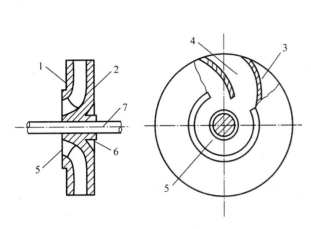
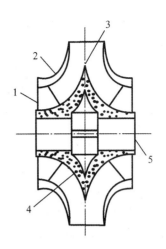

图 4-2　单吸式叶轮结构简图
1-前盖板;2-后盖板;3-叶片;4-流道;
5-吸水口;6-轮毂;7-泵轴

图 4-3　双吸式叶轮简图
1-吸入口;2-轮盖;3-叶片;
4-轮毂;5-轴孔

叶轮的材料取决于输送液体的化学性质,机械杂质的磨损情况以及设计要求的机械强度而定。一般清水泵的叶轮常用铸铁或铸钢。当输送具有腐蚀性的液体时叶轮常用青铜、磷青铜、不锈钢等。大型给水泵和凝结水泵的叶轮采用优质合金钢。

2) 吸入室

泵的吸入室将液体从吸入管路引入叶轮,其作用主要在于引导流体以最小的流动损失平稳而均匀地流入首级叶轮,使液体进入泵体的流动损失最小。吸入室的结构形状对泵的吸入性能影响很大。

如果吸入室入口处速度分布不均匀,则会使叶轮中液体的相对运动不稳定,导致叶轮中流动损失增大,同时也会降低泵的抗气蚀性能。吸入室形式有三种:锥形管、圆环形、半螺旋形,如图 4-4 所示。

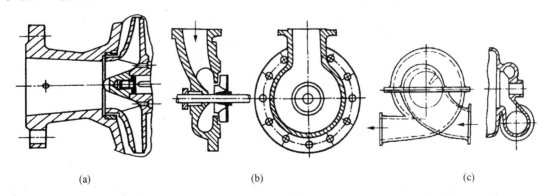

(a)　　　　　　　　　　　(b)　　　　　　　　　　　(c)

图 4-4　吸入室的类型
(a) 锥形管吸入室　(b) 圆环形吸入室　(c) 半螺旋形吸入室

(1) 锥形管吸入室。锥形管吸入室结构简单,制造方便,流速分布均匀,流动损失小。锥度约为 7~18°,广泛应用于单级单吸悬臂式离心泵。

(2) 圆环形吸入室。圆环形吸入室结构对称,比较简单,轴向尺寸较小,缺点是流速分布不均匀,流体进入叶轮时的撞击损失和漩涡损失大,总的损失较大。分段式多级泵大都采用圆环形吸入室。

(3) 半螺旋形吸入室。半螺旋形吸入室的优点是液体进入叶轮时的流速分布比较均匀,流动损失较小。缺点是液体通过半螺旋形吸入后,在叶轮入口处会产生预旋而降低了离心泵的扬程。主要用于单级双吸水泵、开式多级泵。

3) 机壳(压出室)

机壳是指叶轮出口或者导叶出口至压水管法兰接头间的空间。机壳的主要作用是以最小的损失汇集由叶轮流出的液体,使其部分动能转变为压能,并均匀地将液体导向水泵出口或引向次级叶轮。如图4-5所示,有些机壳内还设有固定导叶,机壳过水部分要求有良好的水力条件。其材质多采用铸铁材料,除了考虑腐蚀和磨损以外,还应考虑机壳作为耐压容器应有足够的机械强度。机壳顶部通常设有灌水漏斗和排气栓,以便启动前灌水和排气。底部有放水方头螺栓,以便停用或检修时泄水。机壳的形式有:

(1) 螺旋形蜗式机壳。由蜗室加一段扩散管组成,不仅具有汇集液体和引导液体至出口泵的作用,而且扩散管使这种机壳具备了将部分动能转换为压力能的作用。制造简单,效率高,广泛应用在单级泵或中开式多级泵中。但是单蜗壳泵在非设计工况下运行时,蜗室内液流速度会发生变化,使室内等速流动受到破坏,作用在叶轮边缘上的径向压力变成不均匀分布,会产生径向力。

(2) 环形压机壳。其内部流道断面面积沿圆周相等,收集到的液体流量却沿圆周不断增加,故各断面流速不相等,是不等速流动,流动损失大,效率相对较低。主要用在分段式多级泵或输送杂质多的泵,如灰渣泵、泥浆泵中。

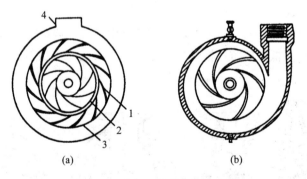

图 4-5　机壳的类型

(a) 环形压出室　(b) 螺旋形压出室

1-导叶片;2-叶轮;3-导叶;4-泄水管

4) 导叶

分段式多级离心泵都安装有导叶,其作用是收集由叶轮流出的高速液流,将一部分液动能转换成液压能,并引导液流均匀地进入下一个叶轮或压出室。导叶有流道式和径向式两种,分段式多级离心泵多采用径向导叶,其结构如图4-6所示。导叶由正导叶、环形导叶过渡区和反导叶组成。正导叶(A—B段)内螺旋线部分用于保证液体作自由等速运动,扩散部分(B—C段)则用于将大部分动能转换成压能,过渡区(C—D段)用于变换液流方向,反导叶(D—E段)的作用是消除速度环量,把液体均匀地引向下一级叶轮。实际上,导叶相当于安排在叶轮周围的几个蜗室,兼具吸入室和压出室的作用,也可将蜗室看作只有一个叶片的导叶。目前,有些离心泵中,采用流道式导叶,目的是减小径向尺寸。

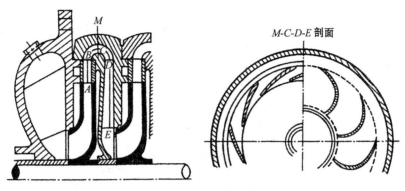

图 4-6　径向导叶图

5) 密封装置

离心泵工作时,由于转子部分高速旋转,并输送具有一定压力的液体,因而在转动部分与固定部分之间,主要是叶轮与泵体间的口环处和泵轴与泵体间,存在液体的漏失。通常把叶轮与泵体间的漏失称为内漏或内窜,泵轴与泵体间的漏失称为外漏,其中,内漏是主要的。为了尽可能减少液体的漏失,离心泵中必须有良好的密封装置,密封装置分为密封环和轴端密封。

(1) 密封环。

离心泵工作时,叶轮在泵体中旋转,叶轮与泵体间必须保持一定的间隙。就叶轮入口处而言,如果其外环与泵体间的间隙过大,就会导致泵的容积效率显著降低。因此,应该选择合适的密封断面和形状,增加液体流动阻力,使得由高压腔到吸入口的漏失量最小,同时又能保证较高的寿命。这类密封称作叶轮密封或口环密封。其结构型式很多,如图 4-7 所示。

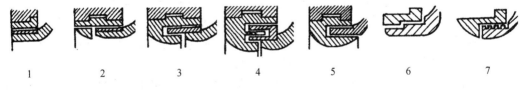

图 4-7　叶轮密封的结构型式
1-平环式;2-直角式;3,4,5-迷宫式;6-阶梯式;7-螺旋沟式

① 平环式密封。结构简单,但漏失量大,且漏失液会冲向吸入口,造成液流漩涡,降低水力效率,一般只在低扬程泵中使用。

② 直角式密封。漏失量少,主要是漏失液流从径向间隙流入轴向间隙时,由于轴向间隙显著增大,使流速下降,因而造成的液流漩涡较小。

③ 迷宫密封。对液流的阻力最大,泄漏量小,但结构复杂,容易引起转子自振,不宜用于高压或超高压水泵中。

④ 阶梯形密封。在环形密封间增设一个小室,实际是增加了一个出口损失和一个进口损失,使流动阻力增加,减小泄漏量,优点是工作平稳,在高压泵中广泛应用。

⑤ 螺旋沟槽密封。在动表面上开出螺旋槽,其螺旋方向与叶轮转动方向一致,当叶轮转动时,由于液体的惯性和粘性作用,阻碍液体向泄漏方向流动,适用于输送粘性液体,缺点是制

造较复杂,也容易磨损。

为了保护泵体和叶轮,密封大多做成可拆式的环,定期更换。

（2）轴端密封。

旋转的泵轴与固定的泵体间的密封结构简称轴封。轴封的作用是防止高压液体从泵内漏出和外部空气进入泵内。对于高压或输送含沙、易燃及有毒液体的离心泵,轴封是否可靠,是决定使用安全和寿命的关键所在。

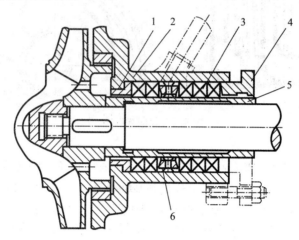

图 4-8　填料密封结构
1-填料套;2-填料盒;3-填料;4-填料压盖;5-轴套;6-填料环

离心泵常用的轴封结构有:填料密封、有骨架的橡胶密封、机械密封和浮动密封等。

① 填料密封。填料密封是一般离心泵常用的密封结构,如图 4-8 所示。由填料盒、填料环、填料、填料压盖等组成,靠填料和轴或轴套的外圆表面接触实现密封。轴封的松紧程度通过调节填料压盖来控制。太紧,容易造成发热、冒烟,甚至烧毁填料和轴套;太松,泄漏量增加,外部空气容易进入泵内,降低泵效,或使泵无法工作。合理的松紧程度大致是液体从填料盒中呈滴状渗漏,泄漏量约 1 滴/s 左右。对于有毒、易燃、腐蚀及贵重液体,不能泄漏,不宜采用此种密封。填料有软填料、半金属填料和金属填料等形式。

a. 软填料。用石棉、橡胶、棉纱等动植物纤维和聚四氟乙烯树脂等合成树脂纤维编织成方形或圆形断面,再根据使用条件,用石墨、黄油等浸透,起润滑和防漏作用。软填料只适用于输送温度不高的液体。

b. 半金属填料。将石棉等软纤维用铜、铅、铝等金属丝加石墨、树脂等编织或压制成型,适用于输送中温液体,以及轴的转速和液压力较高的场合。

c. 金属填料。将巴氏合金、铝或铜等金属丝浸渍石墨、矿物油等润滑剂压制成型,一般做成螺旋状,可用于液体温度≤150℃和圆周速度≤30 m/s 的场合。

② 橡胶组合密封。橡胶组合密封结构简单,体积小,密封效果比较显著,但是耐热性和耐腐蚀性都不够理想,寿命较短,故只在小泵上应用较多,大泵则很少采用。这类密封圈有的带骨架,有的无骨架,已经标准化。

③ 机械密封。依靠两个经过精密加工的动环与静环的端面,沿轴向紧密接触实现密封的结构。机械密封的结构型式很多,但原理基本相同,其工作原理如图 4-9 所示。该密封装置中,主要密封件是动环和静环。动环安装在泵轴上随轴一起转动,静环安装在泵体上为静止

件。动环在液体压力的作用下,紧压在静环上。动环通过传动座、螺钉、拨叉等克服摩擦力,随轴套和轴一起转动,而静环则由防转销制动。

　　机械密封的优点是密封可靠,消耗功率少,泄漏少,几乎可以做到无泄漏,因此,广泛用于输送高温、高压和强腐蚀性液体的离心泵。缺点是对材料、制造和安装精度的要求高,更换困难。

　　④ 浮动环密封。在 $200\sim400℃$ 高温和 $10\sim20\,MPa$ 高压条件下工作的离心泵,采用机械密封比较困难,目前多用如图 4-10 所示的浮动环密封结构。它实际是机械密封和迷宫密封的一种结合形式。其径向密封依靠浮动环与浮动套的端面接触来实现,轴向密封依靠轴套外圆表面与浮动环内圆表面形成狭窄缝隙产生节流作用来实现。浮动环密封具有自动调心的优点,径向间隙可以很小。泄漏量的大小取决于浮动环与轴套间的间隙及长度,且一定存在泄漏。

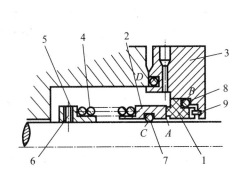

图 4-9　机械密封结构示意图

1-静环;2-动环;3-压盖;4-弹簧;5-传动销;

6-螺钉;7、8-密封圈;9-防转销

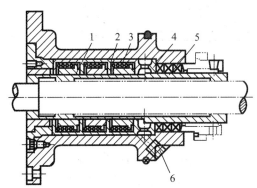

图 4-10　浮动环密封装置示意图

1-浮动环;2-浮动套;3-支承弹簧;

4-泄压环;5-轴套;6-泄压孔

　　⑤ 迷宫密封。迷宫密封主要应用在大容量水泵、汽轮机、压气机及鼓风机等机械中。其结构种类很多,常用的有金属迷宫和碳精迷宫两种。迷宫密封的原理是在密封片与轴间形成微小间隙,流体通过间隙时由于节流作用使压力逐渐降低,从而大大减小泄漏量。优点是不存在任何机械摩擦件,功率消耗少,结构简单。最简单的迷宫密封如图 4-11(a)所示,由一系列铜基合金片与转轴组成微小的间隙。图 4-11(b)是碳精迷宫密封,轴套表面加工出密封片,密封片与方形螺纹相似,碳精环则安装在密封室中;为便于组装,将碳精环分成若干个弧段,分别用螺旋压簧定位,并用止动销防止转动。

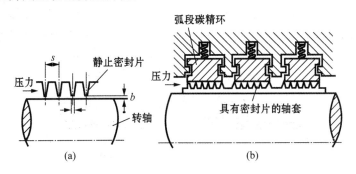

图 4-11　迷宫密封结构示意图

(a) 金属迷宫密封　(b) 碳精迷宫密封

6）轴向力的平衡装置

单吸单级泵和某些多级泵的叶轮有轴向推力存在,该力只靠泵轴向的止推轴承难以完全承受,必须安装轴向力平衡装置。产生轴向推力的原因主要是作用在叶轮两侧的流体压强不平衡所引起的。

图 4-12 为作用于单吸单级泵叶轮两侧的压强分布情况。一般认为叶轮与泵体之间的液

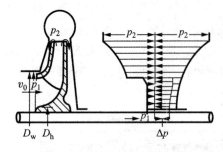

图 4-12　叶轮两侧压强分布图

体压力按抛物线形状分布。在密封环直径 D_w 以外,叶轮两侧的压力 p_2 是对称的,无轴向力。但在 D_w 以内,作用在叶轮左侧的压力是入口压力 p_1,作用在叶轮右侧的压力是出口压力 p_2,且 $p_1 < p_2$,存在压力差 $\Delta p = p_2 - p_1$。两侧压力差与相应面积的乘积再积分,就是作用在叶轮上的轴向力。所以,离心泵的轴向力总是指向叶轮的吸入口方向。对于单吸多级泵,每级叶轮都产生轴向力,其值可能很大,仅靠轴向止推轴承平衡会使轴承无法承受,将严重降低其使用寿命。

从长期的生产实践中总结出许多平衡轴向力的方法,如利用叶轮的对称性、对叶轮结构进行改造、增设专门的平衡装置等,在应用中都收到了良好的效果。轴向力的平衡方法有:

（1）利用叶轮的对称性平衡轴向力,采用双吸叶轮或对称排列的方式。

对于单级泵,利用双吸叶轮,使叶轮两侧盖板上的压力相互抵消,可以很有效地平衡轴向力。

对于多级泵,利用对称排列方式,即将总级数为偶数的叶轮,如图 4-13 所示背靠背或面对面地串联在一根轴上。这种方法不能完全消除轴向力,一般还应安装止推轴承。卧式多级泵和立式多级泵,常采用此法。

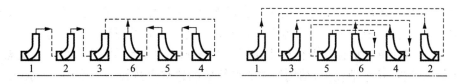

图 4-13　叶轮对称排列平衡轴向力

（2）改造叶轮结构平衡轴向力。

对于单吸离心泵,可以适当改变叶轮结构,消除或减少轴向力。主要的有 3 种方法:

① 平衡孔法。即在如图 4-14(a)所示的叶轮后盖板上开一圈小孔,称作平衡孔,使后盖板密封环内的压力与前盖板密封环内的压力基本相等。由于前、后盖板密封环直径相同,故大部

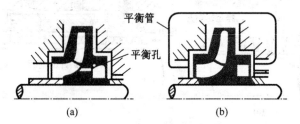

图 4-14　改变叶轮结构平衡轴向力
（a）平衡孔法　（b）平衡管法

分轴向力可以被平衡。

② 平衡管法。如图 4-14(b)所示,在前、后盖板上都安装有直径相同的密封环,并自后盖板泵腔处接一根平衡管,使叶轮背后的压力液与泵的吸入口接通,以消除大部分轴向力。

③ 安装专用的平衡装置。对于单吸多级泵,特别是分段式多级泵,叠加的轴向力很大,一般依靠平衡装置平衡轴向力。主要有:

a. 自动平衡盘平衡轴向力。自动平衡盘多用于多级离心泵,安装在末级叶轮之后,随转子一起旋转,如图 4-15 所示。该平衡装置有两个间隙,一个是轮毂或轴套与泵体间的径向间隙 $b=0.2\sim0.4$ mm;另一个是平衡盘端面与泵体上平衡圈间的轴向间隙 $b_0=0.1\sim0.2$ mm;平衡盘后面的平衡室用连通管与泵的吸入口连通,压力接近吸入口压力 p_0。

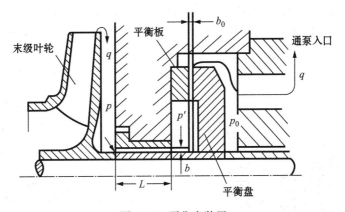

图 4-15　平衡盘装置

液体在径向间隙前的压力是末级叶轮后盖板下面的压力 p,通过径向间隙后下降为 p',压力降 $\Delta p_1=p-p'$;液体再流经轴向间隙后,压力降为 p_0,轴向间隙两边的压力差 $\Delta p_2=p'-p_0$;平衡盘两边的压力差 $\Delta p=\Delta p_1+\Delta p_2=(p-p')+(p'-p_0)=p-p_0$。

而在平衡盘两边的压差只有 Δp_2,故液体对平衡盘就有一个力 P,此力与轴向力方向相反,称为平衡力,其大小应与轴向力相等,方向相反,即 $F-P=0$,此时轴向力得到完全平衡。

这种装置中的径向间隙和轴向间隙各有其作用,又互相联系,可以自动平衡轴向力。当工况改变,轴向力 F 与平衡力 P 不相等时,转子就会轴向窜动。若 $F>P$,转子就向左边的吸入方向移动,轴向间隙 b_0 减小,液体流动损失增加,漏失量减少,平衡盘前面的压力 p' 增加。在总液压差 Δp 不变的情况下,因泄漏量减少,Δp_1 下降,因而压差 Δp_2 增大,平衡力 P 随之增大,转子开始向右边的出口方向移动,直至与轴向力平衡为止。若轴向力 $F<P$,转子向右移动,轴向间隙 b_0 增大,流动损失减小,泄漏量增加,平衡盘前压力 p' 减小,Δp_1 增大,Δp_2 减小,平衡力 P 随之减小,转子又开始向左移动,直至再与 F 平衡。

由于泵的工况不断变化,以及转子惯性力的作用,转子不会总停留在一个位置,而是在某一位置左右作轴向窜动,因此,平衡盘的平衡是动态的。鉴于此,采用平衡装置时,一般不安装轴向止推轴承。轴向间隙 b_0 很小,当转子窜向左边时,平衡盘与平衡圈间可能产生严重的磨损。为了增加耐磨性,平衡圈一般采用不锈钢,平衡盘采用磷锡青铜等材料制成。

由于平衡盘可以自动平衡轴向力,平衡效果好,而且结构紧凑,因而在分段式多级离心泵上得到了广泛的应用。但由于存在窜动,使工况不稳定,且平衡盘与平衡圈经常磨损,此外还有引起气蚀、增加泄漏等不利问题,故现代大容量水泵已趋向于不单独采用。

　　b. 平衡鼓平衡轴向力。图 4-16 是平衡鼓装置,它是安装在末级叶轮后面与叶轮同轴的鼓形轮盘,其外圆表面与泵体上的平衡圈间有 0.2～0.3 mm 很小的间隙。平衡鼓左侧压力接近叶轮出口压力为 p_2;平衡鼓后面的连通管与泵吸入口连通,平衡鼓右侧的压力接近泵的吸入压力 p;平衡鼓两侧产生压差 $\Delta p = p_2 - p_0$,因而在平衡鼓上有一个与轴向力方向相反的平衡力 P。平衡鼓的主要优点是当转子轴向蹿动时,不会与静止部分发生摩擦;缺点是不能完全平衡轴向力,在单独使用时,必须安装双向止推轴承。为了减小密封长度,增加阻力,减少漏失量,平衡鼓和平衡圈可制成迷宫形式。

　　c. 平衡盘与平衡鼓组合装置平衡轴向力。图 4-17 是采用平衡盘与平衡鼓组合装置,可以由平衡鼓平衡 50%～80% 左右的轴向力,剩余的轴向力由平衡盘承受。这样,既减轻了平衡盘上的负荷,保持较大的轴向间隙,避免了由于转子蹿动而引起的磨损,又可以自动地平衡轴向力,而无需安装止推轴承。目前在大流量高压头的分段式多级离心泵中,大多采用此种组合装置。

　　离心式泵除以上介绍的主要部件外,尚有泵轴、托架、联轴器、轴承等其他部件。

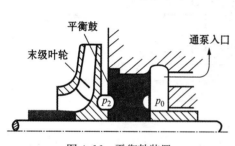

图 4-16　平衡鼓装置

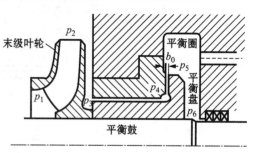

图 4-17　平衡盘与平衡鼓组合装置

4.1.2　典型离心式泵的结构

　　离心泵的种类繁多,整体结构多种多样,但每一类离心泵的主要零部件结构和形状相似。以下仅介绍几种常用的离心泵。

　　1) 单吸单级悬臂式离心泵

　　最常见的离心式泵是单吸单级泵。这种泵广泛应用于国民经济中各种部门。所能提供的流量范围约为 4.5～300 m³/h,扬程约为 8～150 m。

　　图 4-18 为典型的单吸单级泵的结构图。这种泵的轴水平地支承在托架 7 内的轴承 9 上,泵轴 6 的一端悬出为悬臂端,端部装有叶轮 2;10 为填料密封机构,其作用主要在于减少泵内高压液体的外泄及空气的渗入。叶轮上一般开有平衡孔,以平衡轴向推力。这种泵的结构较简单,工作可靠,部件较少,也易于加工。

　　2) 双吸单级离心泵

　　双吸离心泵广泛用于输油和输水,其特点是能够自动平衡轴向力,流量较大,一般在 120～20 000 m³/h,扬程为 10～110 m。这种泵的结构如图 4-19 所示。其叶轮相当于两个相同的叶轮背靠背地安装在一根轴上并联工作。一般采用半螺旋形吸入室。吸入腔可具有极高的真空度;除了采用填料密封外,还用管路从高压腔向填料密封装置引水,形成水封。叶轮进口外缘上安装有密封环,防止高压液体进入低压室。轴承安装在泵的两端,小泵多用滚动轴承,大泵多用滑动轴承,打开泵盖即可取出转子。吸入管与吸入腔相连,将液体从两侧引向叶轮,由叶轮抛出的液体再经过蜗形排出室进入排出管。

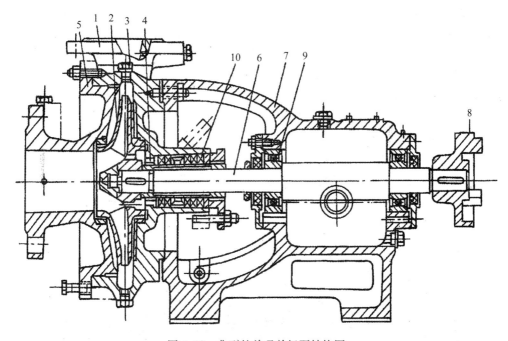

图 4-18　典型的单吸单级泵结构图

1-泵体;2-叶轮;3-密封环;4-轴套;5-泵盖;6-泵轴;7-托架;8-联轴器;9-轴承;10-填料密封机构

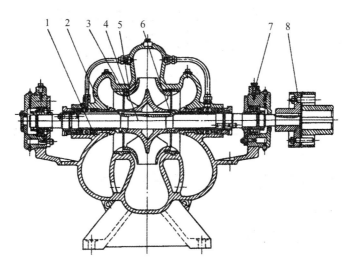

图 4-19　双吸单级离心泵结构图

1-泵体;2-泵盖;3-双吸叶轮;4-泵轴;5-密封环;6-轴套;7-轴承;8-联轴器

3）分段式多级离心泵

分段式多级泵具有较高的扬程。这类泵在结构上是将几个叶轮装在同一根转轴上,每个叶轮叫做一级,一台泵可以有两级到十余级。每级叶轮之间设有固定的导叶。流体进入第一级叶轮加压后经导叶依次进入第二级、第三级叶轮。第一级一般为单吸式,但也可以制成双吸式的。为了平衡轴向推力,泵内通常装有平衡盘。我国生产的分段式多级泵,中压的流量在

$5\sim720\,m^3/h$ 之间,扬程约为 $100\sim650\,m$。高压多级泵的扬程可达 $2\,800\,m$ 左右。在暖通工程中,常用这类水泵做为锅炉给水泵。

D 型分段式多级离心泵泵的结构如图 4-20 所示。叶轮采用闭式叶轮,将多级叶轮用键串联安装在一根轴上。每级叶轮后均有安装有导叶将液体引入下一级叶轮。泵体的两侧有吸入盖(前段)和排出盖(后段),中间为中段,用双头螺栓穿过吸入盖和排出盖的凸台,将各部分连成一体。其优点是可以承受较高的压力,泵体由圆形中段组成,容易制造,具有互换性,可以按照压力需要增减中段级数;缺点是拆卸和装配比较困难。多级泵的第一级叶轮一般是单吸的,为了改善泵的吸入性能,也有用双吸的。由于各级叶轮是向着吸入口方向顺序排列着,因而自高压侧向低压侧有很大的轴向力,需要专门的平衡装置。此泵采用平衡盘和平衡管组合平衡方式来平衡轴向力,泵的排出盖内安装有平衡盘,吸入盖和排出盖之间用平衡管连通。在吸入盖和排出盖与泵轴间分别装有填料密封装置来进行密封,填料盒内与回水管相连,冷却水可进入填料环中起冷却润滑的作用。每一级叶轮的吸入口环与泵体间采用平口密封圈进行叶轮密封。

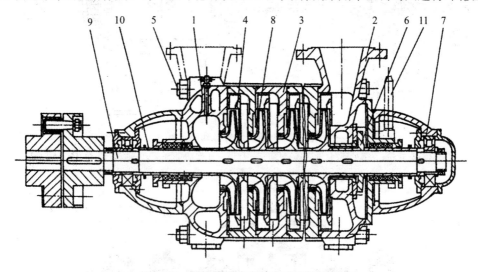

图 4-20　D 型分段式多级离心泵结构图

1-进水段;2-出水段;3-中段;4-导叶;5-螺栓;6-平衡盘;7-轴承;8-叶轮;9-泵轴;10-轴套;11-回水管

4.2　离心式风机的主要部件和基本结构

4.2.1　离心式风机的主要部件

离心风机的主要部件与离心泵类似。气体由进气箱引入,通过导流器调节进风量,然后经过集流器引入叶轮吸入口。流出叶轮的气体由蜗壳汇集起来经扩压器升压后引出。不宜采用多级叶轮。离心式风机输送气体时,一般的增压范围在 $9.807\,kPa(1\,000\,mmH_2O)$ 以下。下面仅结合风机本身的特点进行论述。

1) 叶轮

叶轮是离心泵风机传递能量的主要部件,它由前盘、后盘、叶片及轮毂等组成(见图 2-2)。叶片有后向式、径向式和前向式等如图 4-21 所示,后向式叶片形状又分为机翼型和圆弧型等。

机翼型叶片具有良好的空气动力特性,效率高、强度好、刚性大,但制造工艺复杂,输送含尘浓度高的气体时,叶片容易磨损。圆弧型叶片如对空气动力特性能进行优化,其效率会接近机翼型叶片。还有一种后向平板叶片,其制造简单,但流动特性较差,效率低。在后向叶片中,对于大型离心风机多采用机翼形叶片,而对于中、小型离心风机,则以采用圆弧形和平板形叶片为宜。

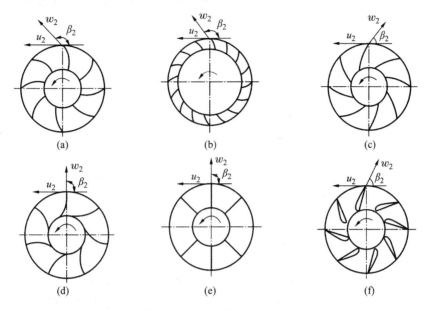

图 4-21　离心式风机叶轮型式

(a) 前向叶型叶轮　(b) 多叶前向叶型叶轮　(c) 圆弧型叶轮
(d) 径向弧形叶轮　(e) 径向直叶式叶轮　(f) 机翼型叶轮

　　叶轮前盘的形式有平直前盘、锥形前盘和弧形前盘三种,如图 4-22 所示。平直前盘制造简单,但气流进口后分离损失较大,因而风机效率低。弧形前盘制造工艺复杂,但气流进口后分离损失较小,因而风机效率高。锥形前盘介于两者之间。高效离心风机前盘采用弧形前盘。

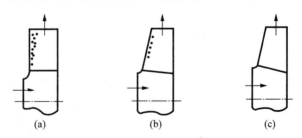

图 4-22　前盘形式

(a) 平直前盘　(b) 锥形前盘　(c) 弧形前盘

2) 集流器

　　风机在叶轮前装置进口集流器,集流器的作用是保证气流能均匀地分布在叶轮入口断面,达到进口所要求的速度值,并在气流损失最小的情况下进入叶轮。集流器形式有圆柱形,圆锥形,弧形,锥柱形,弧筒形和锥弧形等,如图 4-23 所示。弧形,锥弧形性能好,被大型风机所采用以提高风机效率,高效风机基本上都采用锥弧形集流器。吸入口形状应尽可能符合叶轮进口附近气流的流动状况,以避免漏流及引起的损失。

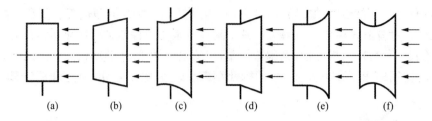

图 4-23　集流器形式

(a) 圆柱形　(b) 圆锥形　(c) 弧形　(d) 锥柱形　(e) 弧筒形　(f) 锥弧形

3）机壳

机壳作用是汇集叶轮出口气流并引向风机出口，与此同时将气流的一部分动能转化为压能。机壳外形以对数螺旋线或阿基米德螺旋线为最佳，具有最高效率。机壳剖面为矩形，并且宽度不变。

机壳出口处气流速度仍然很大，为了有效利用气流的能量，在涡壳出口装扩压器，由于机壳出口气流受惯性作用向叶轮旋转方向偏斜，因此扩压器一般作成沿偏斜方向扩大，其扩散角通常为 $6°\sim8°$，如图 4-24 所示。

离心风机机壳出口部位有舌状结构，一般称为蜗舌（见图 4-24）。蜗舌可以防止气体在机壳内循环流动。一般有蜗舌的风机效率，压力均高于无舌的风机。

机壳可以用钢板、塑料板、玻璃钢等材料制成，其断面有方形和圆形两种，一般中、低压风机多呈方形，高压风机则呈圆形。目前研制生产的新型风机的机壳能在一定的范围内转动，以适应用户对出风口方向的不同需要。

4）进气箱

气流进入集流器有三种方式。一种是自由进气；另一种是吸风管进气，该方式要求保证足够长的轴向吸风管长度；再一种是进气箱进气，当吸风管在进口前需设弯管变向时，要求在集流器前装设进气箱进气，以取代弯管进气，可以改善进风的气流状况。进气箱见图 4-25 所示。

进气箱的形状和尺寸将影响风机的性能，为了使进气箱给风机提供良好的进气条件，对其形状和尺寸有一定要求。

（1）进气箱的过流断面应是逐渐收缩的，使气流被加速后进入集流器。进气箱底部应与进风口齐平，防止出现台阶而产生涡流（见图 4-25）。

（2）进气箱进口断面面积 A_i 与叶轮进口断面面积 A_0 之比不能太小，太小会使风机压力和效率显著下降，一般 $A_i/A_0 \nless 1.5$；最好应为 $A_i/A_0 = 1.75 \sim 2.0$。

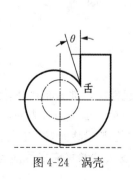

图 4-24　涡壳

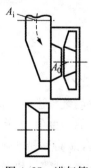

图 4-25　进气箱

（3）进气箱与风机出风口的相对位置以 90°为最佳，即进气箱与出风口呈正交，而当两者平行呈 180°时，气流状况最差。

5）入口导叶

在离心式风机叶轮前的进口附近，设置一组可调节转角的导叶（静导叶），以进行风机运行的流量调节。这种导叶称为入口导叶或入口导流器，或前导叶。常见的入口导叶有轴向导流器和简易导流器两种，入口导叶调节方式在离心风机中有广泛的应用，改变入口导叶叶片的角度，能扩大风机性能、使用范围和提高调节的经济性。

4.2.2　离心式风机的传动方式和出风口位置

风机的支承包括机轴、轴承和机座。我国离心式风机的支承与传动方式已经定型，共分 A，B，C，D，E，F 六种型式。A 型风机的叶轮直接安装在风机轴上；B，C 与 E 型均为皮带传动，这种传动方式便于改变风机的转速，有利于调节；D，F 型为联轴器传动；E 型和 F 型的轴承分设于叶轮两侧，运转比较平稳，多用于大型风机。离心式风机的传动方式如表 4-1 所示。

表 4-1　离心式风机的六种传动方式

代号	A	B	C	D	E	F
构造						
传动方式	无轴承，电机直接传动	悬臂支承，皮带轮在轴承中间	悬臂支承，皮带轮在轴承外侧	悬臂支承，联轴器传动	双支承，皮带轮在外侧	双支承，联轴器传动

离心式风机可以做成右旋转或左旋转两种形式。从原动机一端正视叶轮，叶轮旋转为顺时针方向的称为右旋转，用"右"表示；叶轮旋转为逆时针方向的称为左旋转，用"左"表示。但必须注意叶轮只能顺着蜗壳螺旋线的展开方向旋转。

其出风口的位置一般表示为如图 4-26 所示，其基本出风口位置为 8 个，在购买风机时一般应注明出风口位置。

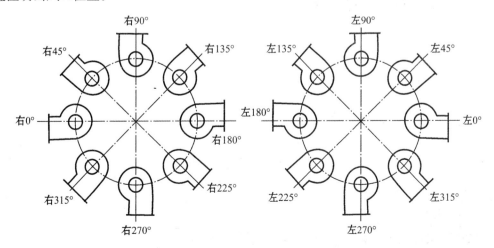

图 4-26　离心式风机出风口位置

4.2.3　离心式风机整体结构

离心风机一般采用单吸单级或双吸单级叶轮,且机组呈卧式布置。图 4-27 为 4-13.2(工程单位制为 4-73)—11№16D 型高效风机。该风机为后弯式机翼型叶片,其最高效率可达 93%,风量为 17 000～68 000 m³/h,风压为 600～7 000 Pa,叶轮前盘采用弧形。风机进风口前装有导流器,可进行入口导流器调节。

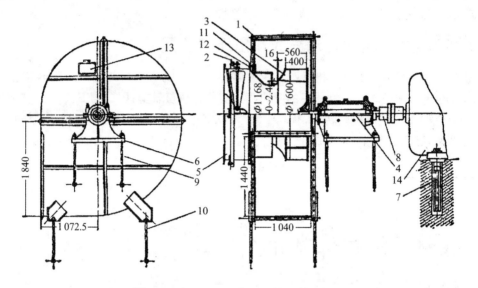

图 4-27　4-13.2(4-73)—11№16D 型风机

1-机壳;2-进风调节门;3-叶轮;4-轴;5-进风口;6-轴承箱;7-地脚螺栓;
8-联轴器;9,10-地脚螺钉;11-垫圈;12-螺栓及螺母;13-铭牌;14-电动机

通风机和风管系统的不合理的连接可能使风机性能急剧地变坏,因此在通风机与风管连接时,要使空气在进出风机时尽可能均匀一致,不要有方向或速度的突然变化。

4.3　泵与风机的型号编制

4.3.1　泵的型号编制

离心泵、混流泵、轴流泵的型号如表 4-2、表 4-3 和表 4-4 所示。

表 4-2　离心泵的基本型号及其代号

泵的型式	型式代号	泵的型式	型式代号
单吸单级离心泵	IS. B	卧式凝结水泵	NB
双吸单级离心泵	S. Sh	立式凝结水泵	NL
分段式多级离心泵	D	立式筒袋型离心凝结水泵	LDTN
分段式多级离心泵首级为双吸	DS	卧式疏水泵	NW

（续表）

泵的型式	型式代号	泵的型式	型式代号
分段式多级锅炉给水泵	DG	单吸离心油泵	Y
卧式圆筒型双壳体多级离心泵	YG	筒式离心油泵	YT
中开式多级离心泵	DK	单吸单级卧式离心灰渣泵	PH
多级前置泵（离心泵）	DQ	长轴离心深井泵	JC
热水循环泵	R	单吸单级耐腐蚀离心泵	IH

表 4-3　混流泵的基本型号及其代号

泵的型式	型式代号	泵的型式	型式代号
单吸单级悬臂涡壳式混流泵	HB	立轴涡壳式混流泵	HLWB
立式混流泵	HL	单吸卧式混流泵	FB

表 4-4　轴流泵的基本型号及其代号

泵的形式	轴流式	立式	卧式	半调叶式	全调叶式
型式代号	Z	L	W	B	Q

除上述基本型号表示泵的名称外，还有一系列补充型号表示该泵的性能参数或结构特点。根据泵的用途和要求不同，其型号的编制方法也不同，现以下列示例说明。

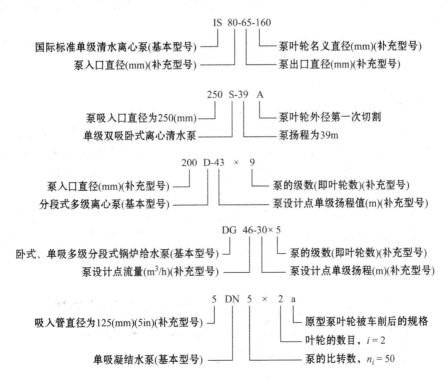

4.3.2　风机的型号编制

1) 离心式风机的型号编制

离心式风机的名称包括:名称、型号、机号、传动方式、旋转方向和风口位置等六部分。

(1) 名称。包括用途、作用原理和在管网中的作用三部分,多数产品第三部分不作表示。在型号前冠以用途代号,如锅炉离心风机 G,锅炉离心引风机 Y,冷冻用风机 LD,空调用风机 KT 等名称表示。

(2) 型号。由基本型号和补充型号组成,其形式如下:

基本型号:第一组数字,表示全压系数,表示风机在最高效率点时全压 $\bar{p} = \dfrac{p}{\rho u^2}$ 系数乘 10 后的化整数。

第二组数字,表示比转数化整后的值,比转数的定义将在下章中讲到。

如果基本型号相同,用途不同时,为了便于区别,在基本型号前加上 G 或 Y,LD、KT 等符号,G 表示锅炉送风机,Y 表示锅炉引风机,LD 表示冷冻用风机,KT 表示空调用风机。

补充型号:第三组数字,它由两位数字组成。第一位数字表示风机进口吸入型式的代号,以 0,1 和 2 数字表示:0 表示双吸风机;1 表示单吸风机;2 表示两级串联风机。第二位数字表示设计的顺序号。

(3) 机号。一般用叶轮外径的分米(dm)数表示,其前面冠以 No.,在机号数字后加上小写汉语拼音字母 a 或 b 表示变型。

a—代表变型后叶轮外径为原来的 0.95 倍。

b—代表变型后叶轮外径为原来的 1.05 倍。

(4) 传动方式。风机传动方式有六种,分别以大写字母 A、B、C、D、E、F 等表示。

(5) 旋转方向。离心风机旋转方向有两种。右转风机以"右"字表示,左转风机以"左"字表示。左右之分是以从风机安装电动机的一端正视,叶轮作顺时针方向旋转称为右,作逆时针方向旋转称为左。以右转方向作为风机的基本旋转方向。

(6) 出口位置。风机的出口位置基本定为八个,以角度 0、45、90、135、180、225、270、315 等表示。对于右转风机的出风口是以水平向左方规定为 0 位置;左转风机的出风口则是以水平向右规定为 0 位置。

以上六部分的排列顺序如下:

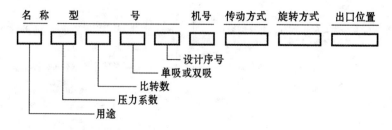

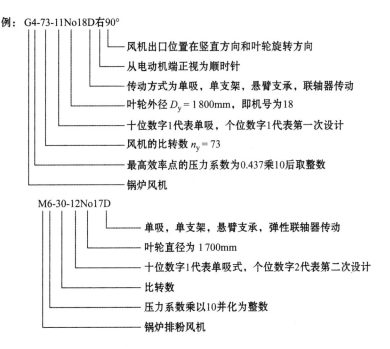

例：G4-73-11No18D右90°

- 风机出口位置在竖直方向和叶轮旋转方向
- 从电动机端正视为顺时针
- 传动方式为单吸，单支架，悬臂支承，联轴器传动
- 叶轮外径 $D_y = 1800\text{mm}$，即机号为18
- 十位数字1代表单吸，个位数字1代表第一次设计
- 风机的比转数 $n_y = 73$
- 最高效率点的压力系数为0.437乘10后取整数
- 锅炉风机

M6-30-12No17D

- 单吸，单支架，悬臂支承，弹性联轴器传动
- 叶轮直径为 1 700mm
- 十位数字1代表单吸式，个位数字2代表第二次设计
- 比转数
- 压力系数乘以10并化为整数
- 锅炉排粉风机

说明：

① 一般用途的产品，可不用表示用途的代号。

② 在产品形式中，产生有重复代号或派生型时，用罗马数字Ⅰ，Ⅱ…等在比转数后加注序号。

③ 第一次设计的序号可以不写出。

思考题与习题

（1）离心式泵有哪些主要部件？各有何作用？

（2）离心式风机有哪些主要部件？各有何作用？

（3）离心泵产生轴向力的原因。

（4）平衡轴向推力的方法有哪些？

第5章 泵与风机的性能特点

5.1 泵与风机的相似律

泵的性能取决于泵内流体的运动规律,如两台泵的尺寸不同,但结构形状完全相似,则它们的运动规律也可能完全相似,因而它们的性能按一定规律变化。了解有关规律,对于设计、选择和使用泵与风机有指导意义。泵或风机的设计、制造通常是按"系列"进行的,研究相似律主要有以下原因:

(1) 研究新的风机、泵(尤其是大型机),需要通过模拟试验,原型和模型之间性能参数按相似律进行计算;

(2) 同一系列的泵或风机几何相似,性能参数符合相似律。泵与风机的设计制造按系列进行;

(3) 对同一台泵或风机,当转速改变或流体密度改变时,性能参数都随之变化,需要用相似律计算相关参数。

相似律主要表明同一系列相似机器的相似工况之间的相似关系。根据流体力学的相似理论,两台离心式泵与风机的相似必须满足几何相似、运动相似和动力相似三个条件。

5.1.1 相似条件

1) 几何相似

几何相似是指模型和原型的泵与风机的流道部分,相对应的线性尺寸部分的比值相等,相对应的结构角度相等。以下角标 m 表示模型机参数,n 表示原型机参数,则几何相似可以表达为:

$$\frac{D_{1n}}{D_{1m}} = \frac{D_{2n}}{D_{2m}} = \frac{b_{1n}}{b_{1m}} = \frac{b_{2n}}{b_{2m}} = \cdots = \lambda_l \tag{5-1}$$

$$\beta_{1n} = \beta_{1m} \tag{5-2}$$

$$\beta_{2n} = \beta_{2m} \tag{5-3}$$

式中,λ_l 为相应线尺寸的比值。通常选取叶轮外径 D_2 作为定性线尺寸。

2) 运动相似

运动相似是指模型和原型的泵与风机的流道部分对应点的流速方向一致和大小成比例,也就是相似流体中对应质点的运动轨迹相似,且流速的比值相同,即速度三角形相似。

$$\frac{v_{1n}}{v_{1m}} = \frac{v_{2n}}{v_{2m}} = \frac{u_{1n}}{u_{1m}} = \frac{u_{2n}}{u_{2m}} = \frac{w_{1n}}{w_{1m}} = \frac{w_{2n}}{w_{2m}} = \cdots = \lambda_v \tag{5-4}$$

$$\alpha_{1n} = \alpha_{1m} \tag{5-5}$$

$$\alpha_{2n} = \alpha_{2m} \tag{5-6}$$

λ_v 是相似工况点的速度比值,不同的相似工况点有不同值。

3) 动力相似

原型和模型相对应点的同名力比值相等,方向相同。作用在流体上的力一般包括 4 个力:

①惯性力;②粘性力;③重力;④阻力。要这 4 个力的比值均相等是不可能的。一般只要保证起主导作用的惯性力和粘性力相似即可。惯性力和粘性力的相似判别准则数是雷诺数 Re,所以只要保证模型和原型的泵与风机中流体的 Re 相等就满足动力相似的条件了。在泵与风机中流体的 $Re(>10^5)$ 都很大,运动处于阻力平方区,即使 Re 数不相等,但阻力系数仍不变,自动满足动力相似的要求。因此通常不用准则数判断相似而是用相似工况。

5.1.2　相似律

相似工况(即相似判断标准)的概念:在几何相似的基础上,原型与模型进出口速度三角形相似时对应的工况。

相似工况下,"原型"与"模型"的扬程、流量及功率有如下关系。

1) 流量关系

相似工况点之间的流量关系可根据计算流量的式(2-14)和式(2-20)得出

$$\frac{Q_n}{Q_m} = \frac{\eta_{vn}\varepsilon_n \pi D_{2n} b_{2n} v_{r2n}}{\eta_{vm}\varepsilon_m \pi D_{2m} b_{2m} v_{r2m}}$$

考虑模型和原型使用同一种介质,且尺寸相差不太悬殊时,有

$$\eta_{vn} \approx \eta_{vm}, \quad \varepsilon_n \approx \varepsilon_m$$

并且根据几何相似和运动相似,有

$$\frac{b_{2n}}{b_{2m}} = \frac{D_{2n}}{D_{2m}} = \lambda_1, \quad \frac{v_{r2n}}{v_{r2m}} = \frac{u_{2n}}{u_{2m}} = \frac{\pi D_{2n} n_n}{\pi D_{2m} n_m} = \lambda_1 \frac{n_n}{n_m}$$

所以有

$$\frac{Q_n}{Q_m} = \frac{n_n}{n_m}\left(\frac{D_{2n}}{D_{2m}}\right)^3 = \lambda_1^3\left(\frac{n_n}{n_m}\right) \tag{5-7}$$

2) 扬程关系

相似工况点之间的扬程关系可根据计算扬程的式(2-12)和式(2-24)得出

$$\frac{H_n}{H_m} = \frac{\eta_{hn} u_{2n} v_{u2n}}{\eta_{hm} u_{2m} v_{u2m}} = \left(\frac{n_n}{n_m}\right)^2\left(\frac{D_{2n}}{D_{2m}}\right)^2 = \lambda_1^2\left(\frac{n_n}{n_m}\right)^2 \tag{5-8}$$

上式中如果把扬程 H 换成压头 p,把 $p = \gamma H$ 代入式(5-8)中,得到全压关系式

$$\frac{p_n}{p_m} = \frac{\rho_n}{\rho_m}\left(\frac{n_n}{n_m}\right)^2\left(\frac{D_{2n}}{D_{2m}}\right)^2 \tag{5-9}$$

3) 功率关系

相似工况点之间的功率关系可根据计算功率的式(1-6)得出

$$\frac{N_n}{N_m} = \frac{\gamma_n Q_n H_n}{\gamma_m Q_m H_m} \cdot \frac{\eta_m}{\eta_n} = \frac{\gamma_n Q_n H_n}{\gamma_m Q_m H_m} = \frac{\rho_n Q_n H_n}{\rho_m Q_m H_m}$$

式中可认为 $\eta_n \approx \eta_m$,然后把式(5-7)和式(5-8)代入上式,可得

$$\frac{N_n}{N_m} = \frac{\rho_n}{\rho_m}\left(\frac{n_n}{n_m}\right)^3\left(\frac{D_{2n}}{D_{2m}}\right)^5 \tag{5-10}$$

有时可以将同机性能参数合并,并把下角标 m,n 和 2 取消,就能以更为一般的形式来表明相似工况点各性能参数之间的相似关系,由式(5-7)、式(5-8)、式(5-9)、式(5-10)得到

$$\frac{Q_m}{n_m D_{2m}^3} = \frac{Q_n}{n_n D_{2n}^3} = \frac{Q}{nD^3} = \lambda_Q \tag{5-11}$$

$$\frac{g_m H_m}{n_m^2 D_{2m}^2} = \frac{g_n H_n}{n_n^2 D_{2n}^2} = \frac{gH}{n^2 D_2^2} = \lambda_H \tag{5-12}$$

$$\frac{p_m}{\rho_m n_m^2 D_{2m}^2} = \frac{p_n}{\rho_n n_n^2 D_{2n}^2} = \frac{p}{\rho n^2 D^2} = \lambda_p \tag{5-13}$$

$$\frac{N_m}{\rho_m n_m^3 D_{2m}^5} = \frac{N_n}{\rho_n n_n^3 D_{2n}^5} = \frac{N}{\rho n^3 D^5} = \lambda_N \tag{5-14}$$

λ_Q、λ_H、λ_p、λ_N 4 个比例常数,因相似工况点而异,即不同的相似工况点有不同的 λ_p、λ_H、λ_Q 及 λ_N 值。同一系列的泵与风机在相似工况下,4 个比例常数各自相等。

5.2　相似律的实际应用

5.2.1　当被输送流体的密度改变时性能参数的换算

泵与风机样本上标识的数据是跟据标准条件下经实验得出的。如对于一般风机,我国规定的标准条件是大气压强为 101.325 kPa(760 mmHg),空气温度为 20℃,相对湿度为 50%。当被输送流体的温度和压强与上述样本条件不同时,即流体密度发生改变,则风机的性能也发生相应的改变。由于是同一机器,大小尺寸未变,风机转速也未变,现以角标"0"代表样本条件,根据 5.1 中相似律的关系 $\frac{Q_n}{Q_m} = \lambda_l^3 \frac{n_n}{n_m}$,$\frac{p_n}{p_m} = \frac{\rho_n}{\rho_m}\left(\frac{n_n}{n_m}\right)^2 \left(\frac{D_{2n}}{D_{2m}}\right)^2$,$\frac{N_n}{N_m} = \frac{\rho_n}{\rho_m}\left(\frac{n_n}{n_m}\right)^3 \left(\frac{D_{2n}}{D_{2m}}\right)^5$,相似律转化为温度修正式

$$Q = Q_0, \quad \eta = \eta_0$$

$$\frac{p}{p_0} = \frac{\rho}{\rho_0} = \frac{\gamma}{\gamma_0} = \frac{B}{101.325} \cdot \frac{273 + t_0}{273 + t}$$

$$\frac{N}{N_0} = \frac{\rho}{\rho_0} = \frac{\gamma}{\gamma_0} = \frac{B}{101.325} \cdot \frac{273 + t_0}{273 + t}$$

式中:B 为当地大气压强,单位为 kPa;t 为被输送流体的温度,℃。

5.2.2　当转速改变时性能参数的换算

泵与风机的性能曲线都是针对一定转速时通过实验获得的,当实际运行转速改变时,性能曲线就会发生变化。实际运行转速 n 与 n_m 不同,则可用相似律来求出新的性能参数。此时相似律可简化为

$$\frac{Q}{Q_m} = \frac{n}{n_m}$$

$$\frac{H}{H_m} = \left(\frac{n}{n_m}\right)^2$$

$$\frac{N}{N_m} = \left(\frac{n}{n_n}\right)^3$$

所以综合以上 3 个公式有

$$\frac{Q}{Q_m} = \sqrt{\frac{H}{H_m}} = \sqrt[3]{\frac{N}{N_m}} = \frac{n}{n_m} \tag{5-15}$$

5.2.3　改变几何尺寸时性能参数的换算

如两台泵与风机的转速相同,且输送相同的流体,则当几何尺寸改变时,令 $\eta = \eta_0$,利用相似律计算参数的关系为

$$\frac{Q}{Q_0} = \left(\frac{D}{D_0}\right)^3$$

$$\frac{H}{H_0} = \left(\frac{D}{D_0}\right)^2$$

$$\frac{N}{N_0} = \left(\frac{D}{D_0}\right)^5$$

5.2.4　当叶轮直径和转速都发生变化时性能曲线的换算

已知泵或风机在某一叶轮直径 D_{2m} 和转速 n_m 下的性能曲线Ⅰ,即可按相似律换算出同一相似系列下另一叶轮直径 D_2 及转速 n_2 下的特性曲线Ⅱ。

在图 5-1 中,设转速 n_m 时性能曲线为Ⅰ,在 Q-H 曲线上任取一工况点 A_{I},然后由曲线Ⅰ查到该工况点的 $Q_{A\text{I}}$ 和 $H_{A\text{I}}$,利用相似律公式 $\frac{Q_n}{Q_m} = \lambda_1^3\left(\frac{n_n}{n_m}\right)$ 和 $\frac{g_n H_n}{g_m H_m} = \lambda_1^2\left(\frac{n_n}{n_m}\right)^2$ 即可求得在 D_2 及转速 n_2 下的 $Q_{A\text{II}}$ 和 $H_{A\text{II}}$ 值。据此工况,在图上就可找出与 A_{I} 点相对应的相似工况点 A_{II}。

用同样的方法,在曲线Ⅰ上另取工况点 B_{I}、C_{I}、D_{I} 等,再利用相似律公式求得对应的相似工况点 B_{II}、C_{II}、D_{II}。最后将各点 A_{II}、B_{II}、C_{II}、D_{II} 等用光滑曲线连接起来,便得出相似泵与风机在直径 D_2 及转速 n_2 下的特性曲线Ⅱ。

可以用相同方法进行 Q-η 曲线换算。

A_{II} 点是从 A_{I} 点按相似公式换算得来的,因此这两点是相似工况点,其效率也相同。因此,由 Q-η 曲线 η_{I} 上取 A_{I} 点的效率值 $\eta_{A\text{I}}$,由 $\eta_{A\text{I}}$ 引水平线交 A_{II} 点的垂线,这就是 A_{II} 点工作时的效率值。连续取几个点作下去,用光滑曲线连接就可得出 η_{II} 曲线。

用这种换算方法,就可以将泵或风机在某一直径和某一转速下经实验得出的性能曲线换算出各种不同直径和转速条件下的许多性能曲线。例如通用性能曲线和选择性能曲线。

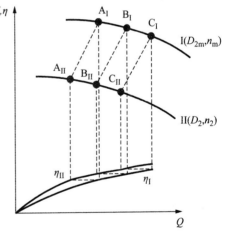

图 5-1　相似泵与风机性能曲线的换算

【例 5-1】　有一台锅炉引风机,铭牌上测定额定流量 $Q = 12\,000\ \text{m}^3/\text{h}$;额定风压 $p = 160\ \text{mmH}_2\text{O}$;效率 $\eta = 75\%$。现将此引风机安装于海拔高程 1 000 m 处(该处大气压 $p = 9.2\ \text{mH}_2\text{O}$),输送温度 $t = 20\,℃$。求此风机额定工况下的流量、风压及功率。

解:引风机的标准条件为:大气压 $p_{a0} = 101.325\ \text{kPa}$;空气温度 $t = 200\,℃$,空气密度 $\rho_0 = 0.745\ \text{kg/m}^3$。

现在工作条件为:大气压 $p_a = 9.2 \times 9.807 = 90.22\ \text{kPa}$;空气温度 $t = 20\,℃$。由完全气体状

态方程式 $\dfrac{B}{\rho T} = \dfrac{B_0}{\rho_0 T_0}$，其中，$T$、$T_0$ 是空气的绝对温度。

得空气密度：$\rho = \rho_0 \dfrac{T_0 B}{T B_0} = 0.745 \times \dfrac{273+200}{273+20} \times \dfrac{90.22}{101.325} = 1.071\,(\text{kg/m}^3)$

空气密度改变，流量不变 $Q = Q_0 = 12\,000\,(\text{m}^3/\text{h})$

由相似定律 $\dfrac{p}{p_0} = \dfrac{\rho}{\rho_0}$

风压：$p = p_0 \dfrac{\rho}{\rho_0} = 160 \times \dfrac{1.071}{0.745} = 230\,\text{mmH}_2\text{O}$

功率：$N = \dfrac{pQ}{\eta} = \dfrac{0.23 \times 9.807 \times 12\,000}{3\,600 \times 0.75} = 10.02\,(\text{kW})$

5.3 风机的无因次性能曲线

为了选择、比较和设计泵或风机，采用一系列无因次的参数。无因次参数去掉了各种计量单位的物理性质。用无因次参数可画得无因次性能曲线。因为这些参数去除了计量单位的影响，所以对每一种型式的泵或风机，仅有一组无因次性能曲线。无因次性能曲线与计量单位、几何尺寸、转速、流体密度等因素无关，所以使用起来十分方便。无因次性能曲线，在风机的选型设计计算中应用得尤为广泛。

5.3.1 无因次参数

1）流量系数 $\overline{Q}$

由流量相似律表达式(5-7)有

$$\frac{Q}{D_2^3 n} = \frac{Q_m}{D_{2m}^3 n_m}$$

两端同除 $\dfrac{\pi}{4} \times \dfrac{\pi}{60}$ 后写为

$$\frac{Q}{\dfrac{\pi D_2^2}{4} \times \dfrac{\pi D_2 n}{60}} = \frac{Q_m}{\dfrac{\pi D_{2m}^2}{4} \times \dfrac{\pi D_{2m} n_m}{60}}$$

最后可得流量系数，这是一个与流量有关的无量纲数，即

$$\overline{Q} = \frac{Q}{u_2 A_2} = \frac{Q_m}{u_{2m} A_{2m}} = \lambda_Q \frac{4 \times 60}{\pi^2} = 常量 \qquad (5\text{-}16)$$

式中，A_2—叶轮外径侧面面积，$A_2 = \dfrac{\pi D_2^2}{4}$；$u_2$—叶轮出口圆周速度，$u_2 = \dfrac{\pi D_2 n}{60}$。

式(5-16)表明，工况相似的风机，其流量系数应该相等，且是一个常量。流量系数大，则风机流量也大。

2）压力系数 $\overline{p}$

由流量相似律表达式(5-9)有

$$\frac{p}{\rho D_2^2 n^2} = \frac{p_m}{\rho_m D_{2m}^2 n_m^2}$$

两端同除 $\left(\dfrac{\pi}{60}\right)^2$ 后写为

$$\frac{p}{\rho\left(\dfrac{\pi D_2 n}{60}\right)^2} = \frac{p_{\mathrm{m}}}{\rho_{\mathrm{m}}\left(\dfrac{\pi D_{2\mathrm{m}} n_{\mathrm{m}}}{60}\right)^2}$$

最后可得压力系数,这是一个与压力有关的无量纲数,即

$$\bar{p} = \frac{p}{\rho u_2^2} = \frac{p_{\mathrm{m}}}{\rho_{\mathrm{m}} u_{2\mathrm{m}}^2} = \lambda_{\mathrm{P}} \frac{60^2}{\pi^2} = 常量 \tag{5-17}$$

式(5-17)表明,工况相似的风机,其压力系数应该相等,且是一个常量。压力系数 $\bar{p}$ 大,则风机的压力也高。压力系数也是风机型号编制的依据之一。

液体一般可作为不可压缩流体,密度为常数。风机的流体密度,可用进口气体密度 ρ_1,亦可用进、出口气体密度的平均值。

3)功率系数 $\bar{N}$

由功率相似定律表达式(5-10)有

$$\frac{N}{\rho D_2^5 n^3} = \frac{N_{\mathrm{m}}}{\rho_{\mathrm{m}} D_{2\mathrm{m}}^5 n_{\mathrm{m}}^3}$$

两端同除 $\dfrac{\pi}{4} \times \left(\dfrac{\pi}{60}\right)^3$ 后写为

$$\frac{N}{\rho \dfrac{\pi D_2^2}{4} \times \left(\dfrac{\pi D_2 n}{60}\right)^3} = \frac{N_{\mathrm{m}}}{\rho_{\mathrm{m}} \dfrac{\pi D_{2\mathrm{m}}^2}{4} \times \left(\dfrac{\pi D_{2\mathrm{m}} n_{\mathrm{m}}}{60}\right)^3}$$

最后可得功率系数,这是一个与功率有关的无量纲数,即

$$\bar{N} = \frac{N}{\rho u_2^3 A_2} = \frac{N_{\mathrm{m}}}{\rho_{\mathrm{m}} u_{2\mathrm{m}}^3 A_{2\mathrm{m}}} = \lambda_{\mathrm{N}} \frac{4 \times 60^3}{\pi^4} = 常量 \tag{5-18}$$

式(5-18)表明,工况相似的风机,其功率系数应该相等,且是一个常量。功率系数大,则风机的功率也大。

4)效率 $\bar{\eta}$

效率本身就是一个无量纲数,根据上述关系有

$$\bar{\eta} = \frac{\bar{p}\bar{Q}}{\bar{N}} = \frac{\dfrac{p}{\rho u_2^2} \times \dfrac{Q}{u_2 A_2}}{\dfrac{N}{\rho u_2^3 A_2}} = \frac{pQ}{N} = \eta \tag{5-19}$$

即效率就是无量纲的效率系数。

5.3.2　无因次性能曲线

无量纲性能参数 $\bar{Q}$、$\bar{p}$、$\bar{N}$ 也是相似特征数,因此凡是相似的风机,不论其尺寸的大小、转速的高低和流体密度的大小,在对应的工况点,它们的无量纲参数都相等。对于一系列的相似风机,每台风机都具有各自的性能曲线。当采用无量纲系数表示时,该系列所有对应工况点将重合为一个无量纲工况点,该系列所有对应性能曲线将重合为一条无量纲性能曲线。因此,对于系列相似风机的性能,可用一组无量纲性能曲线表示。

对于不同系列的通风机,其无因次性能参数与通风机的几何尺寸、转速及输送流体的种类

无关,而只与通风机的类型有关。它表征了不同系列通风机性能的特征值。故可以将不同系列通风机的无因次性能曲线集中在一起,以便进行通风机性能的比较、选择。

图 5-2 为 4-13(72)通风机的性能曲线和无因次性能曲线。从图中不难看出,两者形状完全相同。

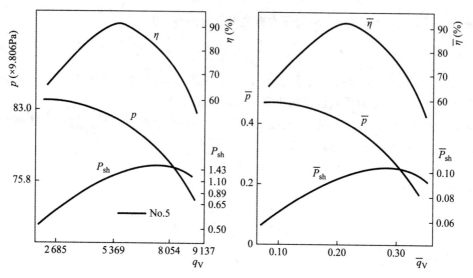

图 5-2　4-13(72)通风机的性能曲线和无因次性能曲线

无量纲性能参数与无量纲性能曲线,在理论上也适用于水泵,但是由于水泵的种类繁多,水泵本身还存在气蚀问题,因此水泵不采用无量纲性能曲线。

利用无量纲性能曲线选择风机和对风机性能参数的校核,都需根据无量纲参数和风机转速 n,叶轮直径 D_2,计算风机的风量,全压和功率。仍然采用无量纲参数 $\bar{Q}$、$\bar{p}$、$\bar{N}$ 的表达式,并考虑叶轮圆盘面积 A_2 和叶轮出口牵连速度 u_2 的关系,可得风量、全压和功率的计算式。

绘制无因次性能曲线时,首先用测试方法测得某一固定转速下不同工况点的 Q、p、N,然后,根据式(5-16)、式(5-17)、式(5-18)及式(5-19)计算相应的 $\bar{Q}$、$\bar{p}$、$\bar{N}$ 以及 η。根据各组的 $\bar{Q}$、$\bar{p}$、$\bar{N}$ 和 η 的值,可以绘制无因次性能曲线 $\bar{p}$-$\bar{Q}$、$\bar{N}$-$\bar{Q}$ 和 η-$\bar{Q}$。无因次性能曲线还可以根据有因次的性能曲线,计算 $\bar{Q}$、$\bar{p}$、$\bar{N}$ 求得。

【例 5-2】　已知叶轮直径 $D_2 = 600\,\text{mm}$,转速 $n = 1\,250\,\text{r/min}$,在额定工况 $Q = 8\,300\,\text{m}^3/\text{h}$,$p = 79\,\text{mmH}_2\text{O}$,$N = 2\,\text{kW}$ 下,$\rho = 1.2\,\text{kg/m}^3$。

(1) 试求该风机在额定工况下的无因次性能系数。

(2) 求同一系列风机叶轮 $D_2 = 800\,\text{mm}$,转速 $n = 1\,800\,\text{r/min}$,在额定工况下的性能系数。

解:(1) 叶轮面积 $A_2 = \dfrac{\pi D_2^2}{4} = \dfrac{\pi (0.6)^2}{4} = 0.282\,(\text{m}^2)$

出口圆周速度 $u_2 = \dfrac{\pi D_2 n}{60} = \dfrac{\pi 0.6 \times 1\,250}{60} = 39.27\,(\text{m/s})$

密度 $\rho = 1.2\,\text{kg/m}^3$

流量系数 $\bar{Q} = \dfrac{Q}{A_2 u_2} = \dfrac{8\,300}{3\,600 \times 0.283 \times 39.27} = 0.208$

全压系数 $\bar{p} = \dfrac{p}{\rho u_2^2} = \dfrac{0.079 \times 9\,807}{1.2 \times 39.27^2} = 0.419$

功率系数 $\overline{N} = \dfrac{N}{\rho A_2 u_2^3} = \dfrac{0.079 \times 9807}{1.2 \times 0.283 \times 39.27^3} = 0.097$

（2）此风机的叶轮面积

$$A_2 = \frac{\pi D_2^2}{4} = \frac{\pi (0.8)^2}{4} = 0.503 \ (\text{m}^2)$$

出口圆周速度 $u_2 = \dfrac{\pi D_2 n}{60} = \dfrac{\pi 0.8 \times 1800}{60} = 75.40 \ (\text{m/s})$

该机额定工况的性能系数

$$Q = \overline{Q} A_2 u_2 = 0.208 \times 0.503 \times 75.40 = 28\,399 \ (\text{m}^3/\text{h})$$

$$p = \overline{p} \rho u_2^2 = 0.419 \times 1.2 \times 75.40^2 = 2\,858\,\text{Pa} = 292 \ (\text{mmH}_2\text{O})$$

$$N = \overline{N} \rho A_2 u_2^3 = 0.097 \times 1.2 \times 0.503 \times 75.4^3 = 25 \ (\text{kW})$$

5.4　比转数

在具体设计、选型以及判别泵与风机是否相似时，使用相似律关系式并不十分方便。因此，要在相似定律的基础上推导出一个包括 Q、H 以及 n 在内的综合相似特征数。这个相似特征数称为比转数。选取泵与风机最佳工况（效率最高）时的 Q 与 H，选用该工况的比例常数 λ_Q 和 λ_H，消去几何尺寸 D，从而可以求出：同一系列泵与风机，不论其尺寸大小，而反映其流量 Q、扬程 H、转速 n 之间关系的比转数 n_s，这样就找到了非相似泵与风机的比较基础。

式（5-11）两边平方得

$$\frac{Q^2}{n^2 D^6} = \lambda_Q^2$$

式（5-12）两边立方得

$$\frac{g^3 H^3}{n^6 D^6} = \lambda_H^3$$

以上两式相除，即得

$$\frac{n^4 Q^2}{(gH)^3} = \frac{\lambda_Q^2}{\lambda_H^3}$$

两边开四次方得到 n_s 的表达式

$$n_s = \frac{n Q^{1/2}}{(gH)^{3/4}}$$

上式中 n_s 是个无因次量，可用于任何系统的单位计算。在工程中，由于 g 是常量，故上式消去 g 以后亦是常量，所以实际比转数定义为

$$n_s = \frac{n Q^{1/2}}{H^{3/4}} \tag{5-20}$$

此时，n_s 为有因次量。必须按规定单位计算，式中 Q 的单位 m^3/s；H 的单位 m；n 的单位 r/min。

由于同一系列泵或风机在最佳工况下的比例常数相等，比转数也相等。不同系列泵或风机具有不同的比转数。几何相似的泵与风机在相似工况下比转数相等。反之，比转数相等的泵与风机不一定相似。

比转数的概念最先是由水轮机参数导出，而为水泵所袭用。水轮机比转数的定义：使水轮机产生的压头为 $1\,\mathrm{m}$，流量为 $0.075\,\mathrm{m^3/s}$，有效功率等于 1 匹马力时的转速。所以有

$$\frac{Q}{0.075} = \lambda_1^3 \frac{n}{n_s}$$

$$\frac{H}{1} = \lambda_1^2 \left(\frac{n}{n_s}\right)^2$$

从上边两式可以得到

$$n_s = 3.65 \frac{nQ^{1/2}}{H^{3/4}} \tag{5-21}$$

风机比转数的计算公式为

$$n_s = \frac{n\sqrt{Q}}{p_0^{3/4}} = \frac{nQ^{1/2}}{\left(\frac{1.2}{\rho}P\right)^{3/4}} \tag{5-22}$$

式中：n—转速/(r/min)；

　　Q—流量/(m³/s)；

　　p_0—标准状态下的风机全压/Pa。

应当特别指出，比转数并非一般意义上的转速，它只代表某一系列泵或者风机的一个统合性能参数，表达了该系列泵在性能上的综合特征。

对单级单吸泵，比转数用公式(5-21)表示。对多级单吸泵，一般只以其一级的压头来计算比转数，故有

$$n_s = 3.65n \frac{\sqrt{Q}}{\left(\frac{H}{i}\right)^{3/4}} \tag{5-23}$$

式中：i—叶轮级数。

对单级双吸泵，叶轮数相当于两个单级叶轮，流入叶轮的排量左右各一半，故

$$n_s = 3.65n \frac{\sqrt{\dfrac{Q}{2}}}{H^{3/4}} \tag{5-24}$$

利用风机的无量纲性能曲线时，若能直接采用无量纲性能参数计算比转数将是很方便的。为此，应将比转数公式，即式(5-22)中的参数用无量纲性能参数表示。并注意到叶轮 $u_2 = \dfrac{\pi D_2^2 n}{60}$，$A_2 = \dfrac{\pi D_2^2}{4}$，则有

$$n = \frac{60u_2}{\pi D_2}; \quad Q = u_2 A_2 \bar{Q} = \frac{\pi D_2^2}{4}u_2\bar{Q}; \quad p_0 = \rho_0 u_2^2 \bar{p}_0$$

以上关系代入式(5-22)中，有

$$n_s = \frac{n\sqrt{Q}}{p_0^{3/4}} = \frac{\dfrac{60u_2}{\pi D_2}\sqrt{\dfrac{\pi D_2^2}{4}u_2\bar{Q}}}{(\rho_0 u_2^2 \bar{p}_0)^{3/4}} = \frac{30}{\sqrt{\pi}\rho_0^{3/4}} \times \frac{\sqrt{\bar{Q}}}{\bar{p}_0^{3/4}}$$

标准状态下，$\rho_0 = 1.2\,\mathrm{kg/m^3}$，则上式可写为

$$n_s = 14.8 \frac{\sqrt{\bar{Q}}}{\bar{p}_0^{3/4}} \tag{5-25}$$

比转数的实用意义如下：

（1）比转数反映了某系列泵与风机的性能上的特点。比转数大表明其流量大而压头小；比转数小表明其流量小而压头大。

（2）比转数反映该系列泵在结构上的特点。因比转数大其流量大而压头小，故其进口叶轮面积必然大，即进口直径与出口宽度较大，而叶轮外径则较小，因此，叶轮厚而小。反之，比转数小其流量小而压头大，故其进口叶轮面积必然小，即进口直径与出口宽度较小，而叶轮外径则较大，因此，叶轮薄而大。当比转数由小不断增大时，叶轮的 D_2/D_0 不断缩小，而 b_2/D_2 不断增加。从整个叶轮结构来看，将由最初的径向流出的离心式最后变成轴向流出的轴流式，这种变化必然涉及泵壳结构的相应变化，如图 5-3 所示。叶轮随比转数增加而变化的过程可从表 5-1 中看出。

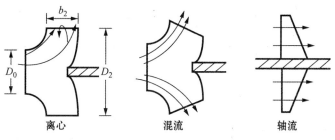

离心　　　　　混流　　　　　轴流

图 5-3　比转数与叶轮流向

（3）比转数可以反映特性曲线变化的趋势。如表 5-1 所示，比转数低的泵与风机，$Q\text{-}H$ 曲线较平坦，或者说扬程随流量变化较缓慢。$Q\text{-}N$ 曲线则因流量增加而扬程减少不多，轴功率上升较快，曲线较陡。$Q\text{-}\eta$ 曲线则较平。高比转数的泵与风机则相反，$Q\text{-}H$ 曲线较陡，下降较快。$Q\text{-}N$ 曲线上升较慢，且比转数越大，上升越缓慢。当比转数达到一定程度时，$Q\text{-}H$ 曲线会出现 S 形状，$Q\text{-}N$ 曲线甚至会随流量的增加而下降。

表 5-1　比转数与叶轮形状及性能曲线的关系

泵的类型	离 心 泵			混流泵	轴流泵
	低比转数	中比转数	高比转数		
比转数	30～80	80～150	150～300	300～500	500～1 000
叶轮形状					
D_2/D_0	≈3	≈2.3	≈1.8～1.4	≈1.2～1.1	≈1
叶片形状	圆柱形	入口处扭曲 出口处圆柱形	扭曲	扭曲	机翼型
性能曲线 大致的形状					

对于低比转数的机器来说,由于压头增加较多,故流道一般较长,比值 D_2/D_0 和出口安装角 β_2 也较大,由图 5-4 可知,当流量变化相同时,ΔQ 相同,即径向分速 Δv_r 相同,则 β_2 较大的机器有较小的切向分速变化,根据欧拉方程 $H_T = \dfrac{u_2 v_u}{g}$,故 ΔH 亦较小,则 $\Delta H/\Delta Q$ 也较小,压头变化率较小,则 $Q\text{-}H$ 曲线较平坦,$Q\text{-}N$ 曲线则因流量增加而压头减少不多,机器的轴功率上升较快,曲线较陡。$Q\text{-}\eta$ 曲线较平。

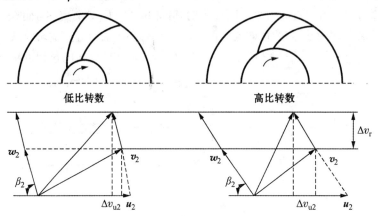

图 5-4 比转数对性能曲线变化趋势影响的原理图

(4) 比转数在泵与风机的设计选型中起着极其重要的作用,对于编制系列和安排型谱上有重大影响。

比转数也常用作泵与风机的分类依据,这一点常在泵与风机的型号上有所反映。当知道流量、扬程和转速后,可先计算出机器的比转数,从而初步确定所采用的型号。目前,离心泵与风机有往高比转数发展的趋势,因提高比转数,可减小泵的尺寸,使泵的结构更紧凑和轻便,成本更低廉。

5.5 通用性能曲线图与选择性能曲线图

5.5.1 通用性能曲线图

实际运转中,泵或风机不仅在一定转速下工作,并且也能在其他转速下工作。当主机工况改变时流量、压头以及效率也随之改变,在不同的转速下可以得到很多 $H\text{-}Q$、$N\text{-}Q$ 特性曲线,相应的也能算出不同转速下的等效率曲线。这组曲线通称为通用性能曲线。

用相似律可以进行性能参数间的换算,如图 5-5 已知转速为 n_1 时的性能曲线,欲求转速为 n_2 时的性能曲线,则可在转速为 n_1 时的 $H\text{-}Q$ 性能曲线上任意取 $1,2,3,\cdots$ 等的流量与扬程代人相似律有:

$$\frac{Q_1}{Q_2} = \frac{n_1}{n_2}$$

$$\frac{H_1}{H_2} = \left(\frac{n_1}{n_2}\right)^2$$

可求得转速为 n_2 时与转速为 n_1 时相对应的工况点 $1', 2', 3', \cdots$ 将这些点连成光滑的曲线,则得转速为 n_2 时的 H-Q 性能曲线。所求出的相对应的工况点 1 和 $1'$、2 和 $2'$、3 和 $3'\cdots$ 为相似工况点,相似工况点的连线为一抛物线。由相似律有

$$\frac{Q_1}{Q_2} = \sqrt{\frac{H_1}{H_2}}$$

即相似工况有

$$\frac{H}{Q^2} = K$$

或者　　　　　　　　　$H = KQ^2$　　　　(5-26)

式中:K 为比例常数(也即相似工况的等效率常数)。

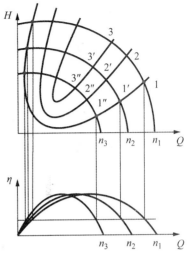

图 5-5　理论通用性能曲线

式(5-26)为一抛物线方程,凡满足该抛物线方程的工况点,均为相似工况点。该抛物线称为相似抛物线,又称等效率曲线。根据相似律推导出来的等效率曲线是一簇交于原点的二次曲线(见图 5-5)。

通用性能曲线也可以通过试验的方法获得。但是,通过试验所获得的通用性能曲线中的等效率曲线和用相似律计算出的通过原点的等效率曲线在转速改变不大时是一致的,但是在转速改变较大时,两者发生差异,由试验获得的等效率曲线向效率较高的方向偏移,因而实际的等效率曲线不通过坐标原点而连成椭圆形状。原因是相似律是在假设各种损失不变的情况下获得的,而当转速较大时,相应的损失变化增大,因而等效率曲线的差别相应增大。

5.5.2　选择性能曲线图

在风机样本中,常将同一型号的风机,以最高效率点±10%的范围所包括的一段 Q-p 曲线,按不同的转速排列在同一张坐标图上。这种图采用对数尺标,等效率曲线就变成直线,如图 5-6 所示。在样本中把这样的通用性能曲线叫做"选择性能曲线"。图的用法与一般性能曲线相同。

风机样本中的选择性能曲线的另一种形式是将某一系列大小不同机号的风机在若干不同的转速下的最佳工况的一段 Q-p 曲线绘在同一张 Q-p 坐标图上组成的。图上也是按对数尺标绘制的。某些选择曲线图直接将本附录中所述大小不同机号的通用性能曲线组合在同一图上,因而这种图又叫做"组合性能曲线图"(见图 5-7)。

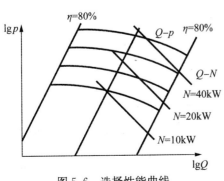

图 5-6　选择性能曲线

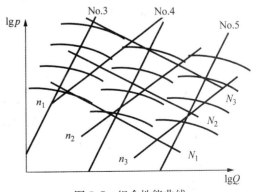

图 5-7　组合性能曲线

图中标有机号的直线就是最高效率的等效率曲线。此线与各 Q-p 线的交点表明了某一风机在不同转速下具有的最高效率相等的相似工况点。为了便于查找,图上将等效率线上转速相同的各点连接起来组成等速线;还加绘了等轴功率线。

5.6　泵的气蚀

在设计、选择和使用泵时,通常需要根据泵的吸入能力来确定和核算泵的安装高度,以保证泵能正常地吸入液体。而泵能不能正常吸入液体又与吸入口处液流的状况有密切关系。

5.6.1　气蚀定义

流体之所以能被顺利地吸入叶轮,是由于叶轮中心处的流体被离心力甩出叶轮,在叶轮中心处由于流体的减少而形成低压区,流体在压力差的作用下被吸入叶轮。所以中心处低压区的形成是液体被吸入叶轮的先决条件,并在一定范围内,叶轮中心处与吸入管路的压差越大,流体越容易被吸入。但液体的形态是随温度和压力不同而转化的,如水在 20℃,2.4 kPa 时会气化。一般情况下,温度一定时,压力越低,液体越容易气化;压力一定时,温度越高,液体越容易气化。因此,在泵的工作过程中,如果叶轮中心处的压力低于液体在输送温度下的气化压力 p_v,液体就要发生气化现象。

当离心泵叶轮入口处的液体压力低于输送温度下液体的气化压力 p_v,液体就开始气化;同时,原来溶于液体中的其他气体(如水中的空气)也可能逸出。此时,液体中有大量的小汽泡形成,形成空化现象。小汽泡随液体在叶轮流道内一起流动,压力逐渐升高,当压力达到液体的气化临界值(泡点压力)时,汽泡在周围液体压力的挤压下,将会破灭,重新凝结。当气泡破灭,重新凝结时,气体所占体积迅速减小,在流道内形成空穴。这时,空穴周围的液体便以极快的速度向空穴冲来,形成液体质点间或液体质点与金属表面间的相互撞击。这种由空穴产生的撞击称为水力冲击。气泡越大,破灭时形成的空穴就越大,水力冲击就越强。这种水力冲击速度快,频率高(可达每秒上万次);有时产生的气泡内还夹杂有某些活泼性气体(如 O_2),它们在凝结时放出热量,使局部温度升高。这些现象,一方面使叶轮表面因疲劳而剥落;另一方面,由于温差电池的形成,对金属造成电化学腐蚀,加快了泵叶轮等金属构件的破坏速度。这种液体的气化、凝结、水击和腐蚀的综合现象叫气蚀现象。

造成叶轮进口处的压力过分降低、产生气蚀的主要原因有以下数种:泵的几何安装高度过高;所输送的液体温度过高;泵安装地点的大气压太低;泵内流道设计不完善而引起液流速度过大等。

气蚀对离心泵工作的影响有:

(1) 引起噪声和振动。汽泡破灭时,液体质点互相撞击,产生各种频率的噪声,有时可听到"噼噼""啪啪"的爆破声,同时伴有机器的振动。

(2) 引起泵工作参数的下降。当泵气蚀较严重时,泵叶轮内的大量气泡将阻塞叶轮流道,使泵内液体流动的连续性遭到破坏,泵的流量、扬程和效率等参数均会明显下降,严重时会出现"抽空"断流现象。

(3) 引起泵叶轮的破坏。泵发生气蚀时,由于机械剥蚀(冲击作用)和电化学腐蚀(温差电池)的共同作用,使叶轮材料呈现海绵状、沟槽状、鱼鳞状等破坏,严重时出现叶片的蚀穿。

气蚀现象对离心泵的危害较大,离心泵即使在轻微的气蚀下长期工作也是不允许的。

5.6.2　泵的几何安装高度

正确决定泵吸入口的压强(真空度),是控制泵运行时不发生气蚀而正常工作的关键,它的数值与泵吸入管侧管路系统及液池面压力等密切相关。

用能量方程不难建立求泵吸入口压强的计算公式。这里列出图 5-8 中吸液池面 0—0 和泵吸入口断面 S—S 之间的能量方程:

$$Z_0 + \frac{p_0}{\gamma} + \frac{v_0^2}{2g} = Z_s + \frac{p_s}{\gamma} + \frac{v_s^2}{2g} + \sum h_s$$

式中:Z_0、Z_s——液面和泵入口中心标高。$Z_s - Z_0 = H_g$,单位为 m;

　　　p_0、p_s——液面和泵吸入口的液面压强/Pa;

　　　v_0、v_s——液面处和泵吸入口的平均流速/(m/s);

　　　$\sum h_s$——吸液管路的水头损失/m。

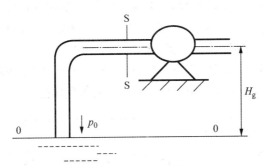

图 5-8　泵的几何安装高度

通常认为,吸液池面处的流速很小,$v_0 \approx 0$,由此可得

$$\frac{p_0 - p_s}{\gamma} = H_g + \frac{v_s^2}{2g} + \sum h_s \tag{5-27}$$

吸液池面与泵吸入口之间泵所提供的压强水头差,是使液体得以一定速度$\left(\text{泵吸入口处}\right.$速度水头为$\left.\frac{v_s^2}{2g}\right)$,克服吸入管道阻力$\left(\sum h_s\right)$而吸升 H_g 高度(又叫泵的安装高度)的原动力。

如果吸液池面受大气压 p_a 作用,即 $p_0 = p_a$,则泵吸入口的压强水头$\frac{p_s}{\gamma}$就低于大气压的水头$\frac{p_a}{\gamma}$,这恰是泵吸入口处真空压力表所指示的吸入口压强水头 H_s(又称吸入口真空高度),其单位为 m。于是式(5-27)可改写成

$$H_s = \frac{p_a - p_s}{\gamma} = H_g + \frac{v_s^2}{2g} + \sum h_s \tag{5-28}$$

通常,泵是在某一定流量下运转,则$\frac{v_s^2}{2g}$及管路水头损失$\sum h_s$都应是定值,所以泵的吸入口真空度 H_s 将随泵的几何安装高度 H_g 的增加而增加。如果吸入口真空度增加至某一最大值 $H_{s\max}$(又叫极限吸入口真空度)时,即泵的吸入口处压强接近液体的汽化压力 p_v 时,则泵内

就会开始发生气蚀。通常,开始气蚀的极限吸入口真空度 $H_{s\,max}$ 值是由制造厂用试验的方法确定的。显然,为避免发生气蚀,由式(5-28)确定的实际 H_s 值应小于 $H_{s\,max}$ 值,为确保泵的正常运行,制造厂又在 $H_{s\,max}$ 值的基础上规定了一个"允许的"吸入口真空度,用[H_s]表示,即

$$H_s \leqslant [H_s] = H_{s\,max} - 0.3\text{m} \tag{5-29}$$

在已知泵的允许吸入口真空度[H_s]的条件下,可用式(5-28)计算出"允许的"水泵安装高度[H_g],而实际的安装高度 H_g 应遵守

$$H_g < [H_g] \leqslant [H_s] - \left(\frac{v_s^2}{2g} + \sum h_s\right) \tag{5-30}$$

允许吸入口真空度[H_s]的修正:

第一,由于泵的流量增加时,流体流动损失和速度头都增加,结果使叶轮进口附近点的压强 p_k 更低了,所以[H_s]应随流量增加而有所降低(见图5-9)。因此,用式(5-30)确定[H_g]时,必须以泵在运行中可能出现的最大流量为准。

第二,[H_s]值是由制造厂在大气压为 101.325 kPa 和 20℃的清水条件下试验得出的。当泵的使用条件与上述条件不符时,应对样本上规定的[H_s]值按下式进行修正。

$$[H_s'] = [H_s] - (10.33 - h_a) + (0.24 - h_v) \tag{5-31}$$

式中:$10.33 - h_a$——因大气压不同的修正值,其中 h_a 是当地的大气压强水头(m),可由表5-2查得;

　　$0.24 - h_v$——因水温不同所作的修正值,其中 h_v 是与水温相对应的汽化压强水头(m),可由表5-3查出;0.24 为 20℃水的气化压强。

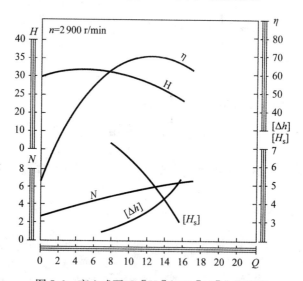

图5-9　离心式泵 Q-[H_s]和 Q-[Δh]曲线简图

表5-2　不同海拔高度的大气压强

海拔高度/m	0	100	200	300	400	500
大气压力/mH₂O	10.33	10.20	10.09	9.95	9.85	9.74
海拔高度/m	600	800	1000	1500	2000	2500
大气压力/mH₂O	9.60	9.38	9.16	8.64	8.16	7.62

表 5-3　不同水温下的汽化压强表

水温/℃	5	10	20	30	40	50
汽化压强/kPa	0.7	1.2	2.4	4.3	7.5	12.5
水温/℃	60	70	80	90	100	
汽化压强/kPa	20.2	31.7	48.2	71.4	103.3	

注意,一般卧式泵的安装高度 H_g 的数值,是指泵的轴心线距吸液池面的高差;大型泵应以吸液池面至叶轮入口边最高点的距离为准(见图 5-10)。

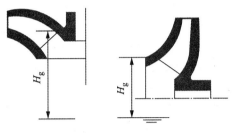

图 5-10　泵的几何安装高度 H_g 示意图

5.6.3　泵的气蚀余量

从气蚀产生的过程可知,要避免泵运行中气蚀的产生,就必须使叶轮入口处的最低压力高于输送条件下的液体气化压力。那么,泵内压强最低点在哪里? 它的数值又是多少?

从液体进入水泵后的能量变化过程图(见图 5-11)可以看出:

液体自吸入口 S 流进叶轮的过程中,但它还未被增压之前,因流速增大导致流动损失,而使静压水头由 $\dfrac{p_s}{\gamma}$ 降至 $\dfrac{p_K}{\gamma}$。这说明泵的最低压强点不在泵的吸入口 S 处,而是在叶片进口的背部 K 点处。

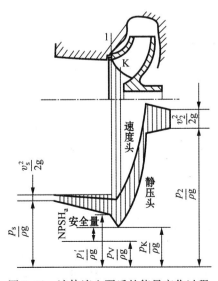

图 5-11　液体流入泵后的能量变化过程

气蚀余量指在吸入口断面单位重量的流体所具有的超过汽化压力的富余能量。气蚀余量可分为有效气蚀余量和必需气蚀余量。

1) 有效气蚀余量

泵的吸入装置如图 5-8 所示。其有效气蚀余量(Δh_a)是指液流在泵的吸入口处所具有的高出液体气化压力的能头。可用式(5-32)表示。

$$\Delta h_a = \left(\frac{p_s}{\gamma} + \frac{v_s^2}{2g}\right) - \frac{p_v}{\gamma} = \frac{p_0 - p_v}{\gamma} - H_g - \sum h_s \tag{5-32}$$

从定义式可以看出,泵的有效气蚀余量是与泵的吸入装置特性有关的参数。即:泵的有效气蚀余量等于吸液池面上的能量在克服吸入管路的流动摩阻损失并把液体提高到 H_g 的高度后,所剩余的超过液体在输送温度下气化压力的能量。流量增大时,Δh_a 值下降。

泵的有效气蚀余量与泵吸入装置的安装高度、操作条件、吸入管的尺寸等有关,与泵自身的结构尺寸无关。有效气蚀余量越大,出现气蚀的可能性不会太大,但是不能保证泵一定不出现气蚀。

2) 必需气蚀余量

液体在从吸液面至叶轮的吸入过程中,其最低压力点并不在吸入口 S—S 截面处,而是在叶片入口稍向里的 K 点处,在 K 点以后液体开始获得能量。把从叶轮入口 S—S 截面到压力最低点 K 处的液体能量损失定义为泵的必需气蚀余量,用 Δh_r 表示。Δh_r 是液体进入泵叶轮后,在未获得能量前,因流速变化和流动损失引起的压力降低。其数值主要取决于泵的吸入室、叶轮进口几何形状及流量、转速等参数,与吸入管路的装置情况无关,在一定程度上是一台泵抗气蚀性能的标志,是泵的重要性能参数之一。

$$\Delta h_r = \left(\frac{p_s}{\gamma} + \frac{v_s^2}{2g}\right) - \frac{p_K}{\gamma} \tag{5-33}$$

Δh_r 只与泵的结构有关,而与吸入管路无关,故又称之为泵的气蚀余量。在泵的正常工作范围内,由于 Δh_r 具有流动损失的属性,某泵 Δh_r 越小,表明该泵防气蚀的性能越好。流量增大时,Δh_r 值应该增加。

3) 允许气蚀余量

由以上分析可知,泵装置的有效气蚀余量 Δh_a 越大,说明装置提供的能量越多,泵越不容易发生气蚀;必需气蚀余量 Δh_r 越小,说明泵结构的能量损失越少,泵也越不容易发生气蚀。综上所述,泵是否发生气蚀的条件是:

$\Delta h_a > \Delta h_r$,泵不发生气蚀;

$\Delta h_a < \Delta h_r$,泵气蚀严重;

$\Delta h_a = \Delta h_r$,泵开始发生气蚀,此时的气蚀余量称为临界气蚀余量 Δh_c。

在实际运行中,为了确保泵不发生气蚀,需要在 Δh_r 的基础上增加 0.3~0.5 m 的富裕量,作为确定泵是否发生气蚀的标准,即:

$$[\Delta h] = \Delta h_c + (0.3 \sim 0.5) \tag{5-34}$$

$[\Delta h]$ 称为泵的允许气蚀余量,其数值一般由生产厂家通过实验给定。

在实际工程中,就整个泵装置而言,显然应使泵入口处的实际气蚀余量 Δh 值符合下述安全条件,以便液体在流动过程中,自泵入口 S 到最低压头点 K,水头降低了后,最低的压强还高于汽化压强 p_v。

$$\Delta h = \frac{p_s}{\gamma} + \frac{v_s^2}{2g} - \frac{p_v}{\gamma} \geqslant [\Delta h] = \Delta h_c + 0.3 \qquad (5\text{-}35)$$

式中每一项均应以 m 为单位。

应当指出,和 $[H_s]$ 相仿,$[\Delta h]$ 也随泵流量的不同而变化。图 5-9 所示的泵性能曲线中绘有一条 Q-$[\Delta h]$ 曲线,可以看出当流量增加时,泵的允许气蚀余量 $[\Delta h]$ 将急剧上升。忽视这一特点,常是导致泵在运行中产生噪声、振动和性能变坏的原因。特别是在吸升状态和输送温度较高的液体时,要随时注意泵的流量变化引起的运行状态的变化。

泵的允许几何安装高度 $[H_g]$,也可以用气蚀余量 $[\Delta h]$ 确定。在式(5-32)中,用 $[\Delta h]$ 代替 Δh,同时应以 $[H_g]$ 代替 H_g,于是得出

$$[H_g] = \frac{p_0 - p_v}{\gamma} - \sum h_s - [\Delta h] \qquad (5\text{-}36)$$

此式与式(5-30)有相同的实用意义,只不过是从不同的角度用来确定泵的几何安装高度 H_g 值。

5.6.4　泵的几种不同的吸入管段装置

以上的阐述是以泵的安装位置比吸液池面高的情况为例的,即吸入管段是用来吸升液体的。这是一种最常见的泵装置形式。

还可能遇到泵安装在吸液池下方的情况,例如采暖系统的循环泵。此外,吸液面压强有可能不是大气压,而是对于某种汽化压力之下。这意味着泵所吸入的介质本身处于液、汽两相的汽化状态。例如锅炉给水泵和冷凝水泵的吸液面压强常处于汽化压力之下。这两种吸入管段都属于"灌注式"(见图 5-12)。

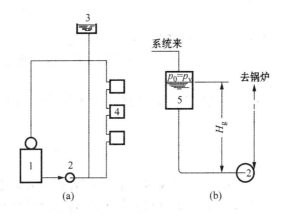

图 5-12　泵的灌注式吸入管段

(a) 采暖系统的循环水泵　(b) 锅炉冷凝水泵装置

1-锅炉;2-循环水泵;3-膨胀水箱;4-暖汽片;5-冷凝水箱

什么情况下需要用"灌注式"吸入管段呢? 必须根据式(5-30)、式(5-31)和式(5-36)来判断。例如,在图 5-12 中的锅炉冷凝水泵装置,冷凝水箱液面压强常常低于汽化压力,则按照式(5-36)计算出

$$[H_g] = -\sum h_s - [\Delta h]$$

计算所得为负值表明泵的安装位置必须在冷凝水箱液面的下方,从而使泵处于"灌注式"

吸入管段下工作,才能不发生气蚀现象。

综上所述,即使泵送 5℃ 的冷水,从水泵允许安装高度上看,$[H_g]<10.33\,m$,这就是说无论扬程多高的泵也不能将水从 10 m 以下的井中把水吸上来,但泵的压送高度不受限制,为此,当从 10 m 以下的井中吸水时,就要将泵放入井内。

通过以上的研究,可以看出泵在安装与运行方面有一定的要求。

离心式泵的吸升管段在安装上显然应当避免漏气,管内要注意不能积存空气。否则会破坏泵入口处的真空度,甚至导致断流。因此要特别注意水平段,除应有顺流动方向的向上坡度外,要避免设置易积存空气的部件。底阀应淹没于吸液面以下一定的深度。不能在吸入管段上设置调节阀门,因为这将使吸入管路的阻力增加;在阀门关小时,会使吸上真空度增加大以致提前发生气蚀。

有吸升管段的离心泵装置中,启动前应先向泵及吸入管段充水,或采用真空泵抽除泵内和吸入管段中的空气。采用后一种方法时,可以不设底阀,以便减少流动阻力和提高几何安装高度。为了避免原动机过载,泵应在零流量下启动,而在停车前,也要使流量为零,以免发生水击。

5.6.5　提高泵抗气蚀性能的措施

泵在运行中气蚀与否,是由泵本身的气蚀性能和吸入装置的特性共同决定的。因此,解决泵气蚀问题可从如下四个方面入手:

(1) 降低必需气蚀余量以提高泵抗气蚀性能的措施:

① 多级泵首级叶轮采用双吸式;

② 加装诱导轮。

(2) 提高有效气蚀余量以防止泵气蚀的措施:

① 减少吸入管路的阻力损失。水泵安装时尽可能地减少吸入管路上的弯头等附件,并不设阀门等;

② 合理地选择泵的几何安装高度 H_g 合理地加大吸入管道的直径,以减小流速,尽量缩短吸入管道长度;

③ 设置前置泵。

(3) 运行中防止气蚀的措施:

不允许用泵的吸入系统上的阀门调节流量。泵在运行时,如果采用吸入系统上的阀门调节流量,将导致吸入管路的水头损失增大,从而降低了装置的有效气蚀余量。泵在运行时,如果发生气蚀,可以设法把流量调节到较小流量处;若有可能,也可降低转速。

(4) 叶轮采用抗气蚀性能好的材料:

受到使用和安装条件的限制不能完全避免发生气蚀的泵,应采用抗气蚀性能好的材料制成叶轮,或将这类材料喷涂在泵壳、叶轮的流道表面上,以便延长叶轮的使用寿命。一般来说,材料的强度高、韧性好、硬度高、化学稳定性好,则抗气蚀性能也好。

【例 5-3】　有一离心泵,安装在海拔高 800 m 的地区,当地夏季水温 40℃,已知泵流量 $Q=120\,L/s$,吸入口直径 $d=300\,mm$,吸水管水头损失 $h_w=0.75\,m$,允许吸上真空高度 $[H_s]=6.2\,m$,为了不发生气蚀,问水泵的安装高度不得超过多少?

解:查表 5-2 和表 5-3,得

$$h_a = 9.38 \, (\text{m})$$

$$h_{v40℃} = 0.75 \, (\text{m})$$

$$[H_s]' = [H_s] - (10.33 - h_a) + (0.24 - h_v)$$
$$= 6.2 - (10.33 - 9.38) + (0.24 - 0.75) = 4.74 \, (\text{m})$$

$$v_1 = \frac{4Q}{\pi d_2} = \frac{4 \times 0.120}{\pi (0.3)^2} = 1.7 \, (\text{m/s})$$

$$[H_g] = [H_s]' - \frac{v_1^2}{2g} - h_w = 4.74 - \frac{1.7^2}{2 \times 9.807} - 0.75 = 3.84 \, (\text{m})$$

【例 5-4】　有一单吸单级离心泵,流量 $Q = 68 \, \text{m}^3/\text{h}$,$\Delta h_c = 2 \, \text{m}$,从封闭容器中抽送温度为 40℃清水,容器中液面压强为 8.829 kPa,吸入管路阻力为 0.5 m,试求该泵的允许几何安装高度是多少? 水在 40℃时的密度为 992 kg/m³。

解:$[\Delta h] = \Delta h_c + 0.3 = 2 + 0.3 = 2.3 \, (\text{m})$

40℃的水相对应的饱和蒸汽压强相当于 $h_v = 0.75 \, \text{m}$,于是可得:

$$[H_g] = \frac{p_0 - p_V}{\rho g} - [\Delta h] - \sum h_w = \frac{8829}{992 \times 9.806} - 0.75 - 2.3 - 0.5 = -2.65 \, (\text{m})$$

计算结果 $[H_g]$ 为负值,故该泵的叶轮进口中心应在容器液面以下 2.65 m。

5.6.6　气蚀比转数

气蚀余量只能反映泵气蚀性能的好坏,而不能对不同泵进行气蚀性能的比较,因此需要一个包括泵的性能参数及气蚀性能参数在内的综合相似特征数,这个相似特征数称为气蚀比转数,用符号 n_{hr} 表示。

$$n_{hr} = \frac{5.62\sqrt{Q}}{\Delta h_r^{3/4}} \tag{5-37}$$

气蚀比转数和比转数一样,是用最高效率点的 n、Q、Δh_r 值计算的。因此,一般都是指最高效率点的气蚀比转数。适用于单吸泵。对于双吸泵,流量除以 2 代入计算。

对于同一台水泵来说,当运行工况发生变化时,气蚀比转数是随之改变的,工程上规定采用水泵的额定工况时的比转数作为相似准则的比转数。如无特别说明,当提及某台水泵气蚀的比转数,就是指它的额定工况(设计工况)的气蚀比转数。

两台相似的水泵在相似工况下,其气蚀比转数一定相等。但两台水泵的气蚀比转数相等,只能说明两者的进口部分满足相似条件,并非确保整机一定是相似的。

凡入口几何相似的泵,在相似工况下运行时,气蚀比转数必然相等。因此,可作为气蚀相似准则数。与比转数 n_s 不同的是,只要求进口部分几何形状和流动相似。即使出口部分不相似,在相似工况下运行时,其气蚀比转数仍相等。

必需气蚀余量 Δh_r 小,则气蚀比转数值大,即表示气蚀性能好。反之,则差。因此,气蚀比转数的大小,可以反映泵抗气蚀性能的好坏。但必须指出,为了提高 n_{hr} 值往往使泵的效率有所下降,目前气蚀比转数的大致范围如下:

主要考虑效率的泵:600～800;

兼顾气蚀和效率的泵:800～1 200;

对气蚀性能要求高的泵:1 200～1 600。

思考题与习题

(1) 两台几何相似的泵与风机,在相似条件下,其性能参数如何按比例关系变化?

(2) 当一台泵的转速发生改变时,其扬程、流量、功率将如何变化?

(3) 无因次性能曲线何以能概括同一系列中大小不同工况各异的性能? 应用无因次性能曲线要注意哪些问题?

(4) 为什么说比转数是一个相似特征数? 无因次比转数较有因次比转数有何优点?

(5) 通用性能曲线是如何绘制的?

(6) 何谓气蚀现象? 它对泵的工作有何危害?

(7) 为什么泵要求有一定的几何安装高度? 在什么情况下出现倒灌高度?

(8) 何谓有效气蚀余量 Δh_A 和必需气蚀余量 Δh_r,两者有何关系?

(9) 在应用$[H_s]$来计算确定泵的$[H_g]$时,应注意些什么? 为什么目前多采用气蚀余量来表示泵的气蚀性能,而较少用吸上真空高度来表示?

(10) 提高泵的抗气蚀性能可采用哪些措施?

(11) 有一离心式送风机,转速 $n=1450\,\text{r/min}$,流量 $Q=1.5\,\text{m}^3/\text{min}$,全压 $p=1200\,\text{Pa}$,输送空气的密度为 $\rho=1.2\,\text{kg/m}^3$。今用该风机输送密度 $\rho=0.9\,\text{kg/m}^3$ 的烟气,要求全压与输送空气时相同,问此时转速应变为多少? 流量又为多少?

(12) 有一泵转速 $n=2\,900\,\text{r/min}$,扬程 $H=100\,\text{m}$,流量 $Q=0.17\,\text{m}^3/\text{s}$,若用和该泵相似但叶轮外径 D_2 为其 2 倍的泵,当转速 $n=1450\,\text{r/min}$ 时,流量为多少?

(13) 有一泵转速 $n=2\,900\,\text{r/min}$,其扬程 $H=100\,\text{m}$,流量 $Q=0.17\,\text{m}^3/\text{s}$,轴功率 $N=183.8\,\text{kW}$。现用一出口直径为该泵 2 倍的泵,当转速 $n=1450\,\text{r/min}$ 时,保持运动状态相似,问其轴功率应是多少?

(14) G4-73 型离心风机在转速 $n=1450\,\text{r/min}$ 和 $D_2=1200\,\text{mm}$ 时,全压 $p=4\,609\,\text{Pa}$,流量 $Q=71\,100\,\text{m}^3/\text{h}$,轴功率 $N=99.8\,\text{kW}$,空气密度 $\rho=1.2\,\text{kg/m}^3$,若转速和直径不变,但改为输送锅炉烟气,烟气温度 $t=200\,℃$,当地大气压 $p_a=0.1\,\text{MPa}$,试计算密度变化后的全压、流量和轴功率。

(15) 叶轮外径 $D_2=600\,\text{mm}$ 的风机,当叶轮出口处的圆周速度为 $60\,\text{m/s}$,风量 $Q=300\,\text{m}^3/\text{min}$。有一与它相似的风机 $D_2=1200\,\text{mm}$,以相同的圆周速度运转,求其风量为多少?

(16) 有一风机,其流量 $Q=20\,\text{m}^3/\text{s}$,全压 $p=460\,\text{Pa}$,用电动机由皮带拖动,因皮带滑动,测得转速 $n=1420\,\text{r/min}$,此时所需轴功率为 $13\,\text{kW}$。如改善传动情况后,转速提高到 $n=1450\,\text{r/min}$,问风机的流量、全压、轴功率将是多少?

(17) 已知某锅炉给水泵,最佳工况点参数为:$Q=270\,\text{m}^3/\text{h}$,$H=1490\,\text{m}$,$n=2\,980\,\text{r/min}$;$i=10$ 级。求其比转数 n_s。

(18) 某单级双吸泵的最佳工况点参数为 $Q=18\,000\,\text{m}^3/\text{h}$,$H=20\,\text{m}$,$n=375\,\text{r/min}$。求其比转数 n_s。

(19) G4-73-11No18 型锅炉送风机,当转速 $n=960\,\text{r/min}$ 时的运行参数为:送风量 $Q=19\,000\,\text{m}^3/\text{h}$,全压 $p=4\,276\,\text{Pa}$;同一系列的 No8 型风机,当转速 $n=1450\,\text{r/min}$ 时的送风量 $Q=25\,200\,\text{m}^3/\text{h}$,全压 $p=1\,992\,\text{Pa}$,它们的比转数是否相等? 为什么?

(20) 除氧器内液面压力为 117.6×10^3 Pa,水温为该压力下的饱和温度 104℃,用一台六级离心式给水泵,该泵的允许气蚀余量 $[\Delta h] = 5$ m,吸水管路流动损失水头约为 1.5 m,求该水泵应装在除氧器内液面下多少米?

(21) 在泵吸水的情况下,当泵的几何安装高度 H_g 与吸入管路的阻力损失之和大于 6×10^4 Pa 时,发现水刚开始汽化。吸入液面的压力为 101.3×10^3 Pa,水温为 20℃,试求水泵装置的有效气蚀余量为多少?

(22) 有一台吸入口径为 600 mm 的双吸单级泵,输送常温水,其工作参数为:$Q = 880$ L/s,允许吸上真空高度为 3.2 m,吸水管路阻力损失为 0.4 m,试问该泵装在离吸水池液面高 2.8 m 处时,是否能正常工作?

第6章　泵与风机的运行和工况调节

6.1　管路特性曲线和工作点

泵与风机的性能曲线、性能曲线的换算、无因次性能曲线表明：某一台泵或风机在某一转数下，所提供的流量和扬程是密切相关的，并有无数组对应值$(Q_1,H_1),(Q_2,H_2),(Q_3,H_3),\cdots$一台泵与风机究竟能给出哪一组$(Q,H)$值，即在泵与风机性能曲线上哪一点工作，并非任意，而是取决于所连接的管路性能。当泵与风机提供的压头与管路所需要的压头得到平衡时，也就确定了泵与风机所提供的流量，这就是泵与风机的"自动平衡性"。此时，如该流量不能满足设计需要时，就需另选一条泵或风机的性能曲线，不得已时亦可调整管路来满足需要。

6.1.1　管路特性曲线

通常泵或风机是与一定的管路相连接而工作的。一般情况下，流体在管路中流动时所消耗的能量，用于补偿下述的压差、高差和阻力（包括流体流出时的动压头）：

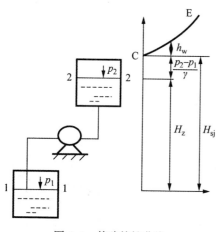

图 6-1　管路特性曲线

（1）用来克服管路系统两端的压差，其中包括高压流体面（或高压容器）的压强 p_2 与低压流体面（或低压容器）的压强 p_1 之间的压差，以及两流体面间的高差 H_z（见图 6-1），即：

$$\frac{p_2-p_1}{\gamma}+H_z=H_{sj} \qquad (6-1)$$

当 $p_2=p_1=p_a$，即两流体面上的压强均为大气压时，式中第一项等于零。这是常见的情况。对于风机，由于被输送的介质为空气，因气柱产生的压头常可忽略不计，这时 $H_z=0$。总之，对于一定的管路系统来说，H_{sj}是一个不变的常量。

（2）用来克服流体在管路中的流动阻力及由管道排出时的动压头$\left(\frac{v^2}{2g}\right)$，对风机为$\left(\frac{\rho v^2}{2}\right)$，两者均与流量平方成正比，即

$$h_1=SQ^2 \qquad (6-2)$$

式中，S—阻抗，与管路系统的沿程阻力与局部阻力以及几何形状有关，单位 s^2/m^5。

于是流体在管路系统中的流动特性可以表达为

$$H=\frac{p_2-p_1}{\gamma}+H_z+h_1=H_{sj}+SQ^2 \qquad (6-3)$$

此式表明实际工程条件所决定的要求。如将这一关系绘在以流量 Q 与压头 H 组成的直

角坐标图上,就可以得到一条通常称做管路性能的曲线(见图 6-1 中的 CE)。它是一条在 H 轴上截距等于 H_{sj} 的抛物线。

管路特性曲线的绘法。根据式(6-3),只要给定设计工况的流量 Q 和经过管路计算所求得的 h_1 及 H_{sj}(很多情况 $H_{sj}=0$),便可反求出 S——管路特性系数(只要管路及阀门开启度不变,$S=$ 常数,当阀门开启度一变,则 S 值随之而变),或直接求出 S,则整条管路特性曲线就确定了。

6.1.2 泵或风机的工作点

综上所述,管路系统的特性是由工程实际要求所决定的,与泵或风机本身的性能无关。但是工程所提出的要求,即所需的流量及其相关的压头必须由泵或风机来满足。这是一对供求矛盾。利用图解方法可以方便地加以解决。

将泵与风机的性能曲线和管路特性曲线绘在同一张坐标图上,如图 6-2 所示。管路性能的曲线 CE 是一条二次曲线。选用某一适当的泵或风机,其性能曲线由 AB 表示。AB 与 CE 相交于 D 点。显然,D 点表明所选定的泵或风机可以在流量为 Q_D 的条件下,向该装置提供的扬程为 H_D。如果 D 点所表明的参数能满足工程提出的要求,而又处在泵或风机的高效率范围内,这样的安排是恰当的、经济的。管路性能曲线与泵或风机的性能曲线之交点 D 就是泵或风机的工作点。此时机器所消耗的轴功率 N 及效率 η 皆在 D 点的垂直线上。

泵或风机能够在 D 点运转,是因为 D 点表示的机器输出流量刚好等于管道系统所需要的流量,同时,机器所提供的压头或扬程恰好满足管道在该流量下之所需。

假如泵或风机在比 D 点流量大的点 D_2 处运行,显然,此时,机器所提供的压头就小于管路之所需,于是,流体因能量不足而减速,流量减小,工作点 D_2 沿机器性能曲线向 D 点移动。反之,如在比 D 点流量小的 D_1 点运行,则机器所提供的压头就大于管路需要,造成流体能量过盈而加速,于是流量增大,D_1 点向 D 点靠近,可见 D 点是稳定工作点。

有些低比转数泵或风机的性能曲线呈驼峰形,如图 6-3 所示。这样的机器性能曲线有可能与管道性能曲线有两个交点 K 和 D。D 点如上所述为稳定工作点,而 K 点则为不稳定工作点。

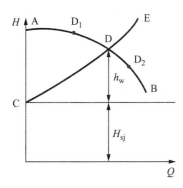
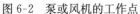
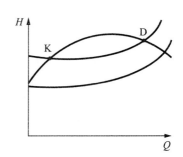

图 6-2 泵或风机的工作点　　　　　　图 6-3 泵或风机的驼峰不稳定工况

当泵或风机的工况(指流量、扬程等)受机器震动和电压波动而引起转速变化的干扰时,就会离开 K 点。此时,K 点如向流量增大方向偏离,则机器所提供的扬程就大于管道所需的消耗水头,于是管路中流速加大,流量增加,则工况点沿机器性能曲线继续向流量增大的方向移动,直至 D 点为止。当 K 点向流量减小的方向偏离时,K 点就会继续向流量减小的方向移动,直至流量等于零为止。此刻,如吸水管上未安装底阀或止回阀时,流体将发生倒流。由此可见,工况点在 K 处是暂时平衡,一旦离开 K 点,便难于再返回原点 K 了,故称 K 点为不稳定工作点。

工况稳定与否可用下式判断:

如两条性能曲线在某交点的斜率有

$$\frac{dH_管}{dQ} > \frac{dH_机}{dQ}$$

则此点为稳定工作点,反之,为不稳定工作点。

泵或风机具有驼峰形性能曲线是产生不稳定运行的内在因素。但是否产生不稳定还要看管路性能——它是外在因素。大多数泵或风机的特性都具有平缓下降的曲线,当少数曲线有驼峰时,则工作点应选在曲线的下降段,故通常的运转工况是稳定的。

6.1.3　相似工况点和不相似工况点的区分

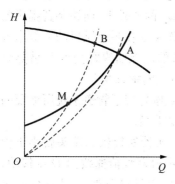

图 6-4　相似工况点和
不相似工况点的区分

如图 6-4 所示,A 和 B 点(表征了泵在同一转速下的不同工况点)不是相似工况点;A 和 M 点位于同一条管路性能曲线(其端点未位于坐标原点)上,它们表示了泵变速运行时的不同运行工况点,亦不是相似工况点;只有 M 和 B 点才是相似工况点。

在同一条相似抛物线上的点为相似工况点;反之则不存在相似关系,不能用比例定律进行相似换算。把握这一点(对正确地确定泵与风机变速运行时的运行工况点及其性能参数的换算)非常重要。

【例 6-1】　如下图所示,某台可变速运行的离心泵,在转速 n_0 下的运行工况点为 $A(Q_A, H_A)$,当降转速后,流量减小到 Q_M,试确定这时的转速。

解:确定变速后的运行工况点 $M(Q_M, H_M)$;将 Q_M, H_M 代入下式以确定相似抛物线的 K 值 $\frac{H}{Q^2} = K$。

过 M 点作相似抛物线,求 M 点对应的相似工况点 B;
用相似律对 M、B 两点的参数进行换算,以确定满足要求的转速:

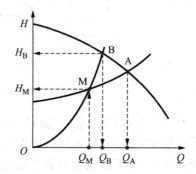

$$\frac{n}{n_0} = \frac{Q_M}{Q_B} = \sqrt{\frac{H_M}{H_B}}$$

【例 6-2】　某循环水泵的 $H\text{-}Q$、ηQ 曲线,如下图中的实线所示。试根据下列已知条件绘制循环水管道系统的性能曲线,并求出循环水泵向管道系统输水时所需的轴功率。

已知:管道的直径 $d=600\,\mathrm{mm}$,管长 $l=250\,\mathrm{m}$,局部阻力的等值长度 $l_e=350\,\mathrm{m}$,管道的沿程阻力系数 $\lambda=0.03$,水泵房进水池水面至循环水管出口水池水面的位置高差 $H_z=24\,\mathrm{m}$(设输送流体的密度 $\rho=998.23\,\mathrm{kg/m^3}$,进水池水面压强和循环水管出口水池水面压强均为大气压)。

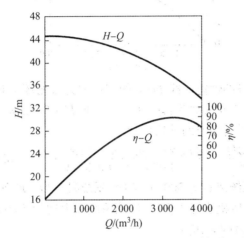

解:由流体力学知道,当考虑了局部阻力的等值长度后,管道系统的计算长度 l_0 为:

$$l_0 = l + l_e = 250 + 350 = 600\,(\mathrm{m})$$

所以,为克服流动阻力而损失的能量为

$$\sum h_w = \lambda \frac{l_0}{d} \frac{\left(\dfrac{Q}{\pi d^2/4}\right)^2}{2g} = \lambda \frac{8l_0}{g\pi d^5} Q^2$$
$$= 0.03 \times \frac{8 \times 600}{9.806 \times 3.14 \times 0.6^5} Q^2 = 19.16 Q^2$$

由于吸水池液面压强和循环水管出口处水池液面压强均为大气压,即

$$\frac{p_2 - p_1}{\rho g} = 0$$

则管路系统性能曲线方程为

$$H = H_z + \sum h_w = 24 + 19.16 Q^2$$

上式中流量的单位是 $\mathrm{m^3/s}$,而性能曲线图上流量的单位为 $\mathrm{m^3/h}$,故必须换算后方能代入管路性能曲线方程中。根据计算结果,列出管道性能曲线上的对应点如表所示:

$Q/(\mathrm{m^3/h})$	0	1 000	2 000	3 000	4 000
$Q/(\mathrm{m^3/s})$	0	0.278	0.556	0.833	1.111
H/m	24	25.48	29.91	37.31	47.65

由上表数据即可绘制出管路性能曲线如下图所示。

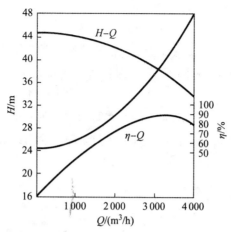

管路性能曲线和泵本身的性能曲线 $H\text{-}Q$ 的交点即为该循环水泵在此系统输水时的运行工况点。由图不难查出，其工作参数为：$Q=3\,100\,\mathrm{m^3/h}$，$H=38\,\mathrm{m}$，$\eta=90\%$。

所以该循环水泵工作时所需要的轴功率为

$$N=\frac{\rho g Q H}{10^3\eta}=\frac{998.23\times9.806\times3\,100\times38}{1\,000\times0.9\times3\,600}=356(\mathrm{kW})$$

【例 6-3】　当某管路系统风量为 $500\,\mathrm{m^3/h}$ 时，系统阻力为 $300\,\mathrm{Pa}$，今预选一个风机的性能曲线如图所示。试计算：①风机实际工作点；②当系统阻力增加 50% 时的工作点；③当空气送入有正压 $150\,\mathrm{Pa}$ 的密封舱时的工作点。

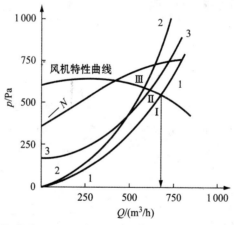

解：（1）先绘出管路性能曲线 $p=SQ^2$

$$S=\frac{300}{500^2}=0.001\,2$$

则管路特性方程为

$$p=0.001\,2Q^2$$

绘出管路特性曲线 1-1，交点 Ⅰ 即为工作点，读图
$p=550\,\mathrm{Pa}$ 时，$Q=690\,\mathrm{m^3/h}$。

（2）当系统阻力增加 50% 时管路特性方程变为

$$p=SQ^2=\frac{300\times1.5}{500^2}Q^2=0.001\,8Q^2$$

绘出管路特性曲线 2-2,新的交点Ⅱ即为此时工作点,读图得 $p=610\,\mathrm{Pa}$ 时,$Q=570\,\mathrm{m}^3/\mathrm{h}$。

(3) 对第一种情况附加正压 150 Pa(即管路系统两端压差)则管路特性方程为

$$p = 150 + 0.0012Q^2$$

绘出管路特性曲线 3-3,交点Ⅲ即为此时工作点,读图得 $p=590\,\mathrm{Pa}$ 时,$Q=590\,\mathrm{m}^3/\mathrm{h}$。

此例可看出:当阻力增加 50% 时,风量减少 $(690-570)/690\times100=17\%$,即阻力急剧增加,风量相应降低,但不与阻力增加成比例。因此,当管网计算的阻力与实际应耗的压力存在某些偏差时,对实际风量的影响并不突出。此例的计算结果风量均大于所要求的风量 $Q=500\,\mathrm{m}^3/\mathrm{h}$,因此,当风机供给的风量不能符合实际要求时,应采取适当的方法进行调节。

6.2　泵或风机的联合工作

在实际工程中,有时需要将两台或多台的泵与风机并联或串联在一个共同管路系统中联合工作,目的在于增加系统中的流量或压头。

联合工作的方式,可分为并联或串联,联合运行的工况根据联合运行的机器总性能曲线与管路性能曲线确定。

6.2.1　并联运行

并联运行的应用场合:

(1) 用一台泵或风机其流量不够时,大流量泵或风机制造困难或者造价太高;

(2) 当系统中要求的流量很大,需靠增开或停开并联台数以实现大幅度调节流量时;

(3) 当有一台机器损坏,仍需保证供水(汽),作为检修及事故备用时。

各并联运行时,机器能头相同,而总流量等于各机器流量之和,如图 6-5 所示。

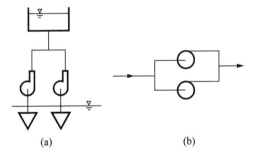

图 6-5　并联工作

(a) 两台泵并联　(b) 两台风机并联

1) 相同性能的泵或风机并联

两台性能相同的离心泵的性能曲线如图 6-6 中Ⅰ所示,并联工作后,其总性能曲线Ⅱ是同扬程下两泵流量叠加的结果。由于曲线重合,实际上只需在给定的泵性能曲线上取若干点作水平线,这就是一系列等扬程线,将其流量增加一倍,按照这些新的点就可以得到两台泵并联后的总性能曲线。并联后的总性能曲线与管路特性曲线的交点为总的工况点。如图 6-6 所示,图中 $\mathrm{A}(H_\mathrm{A},Q_\mathrm{A})$ 是两台同性能泵或风机并联后工作点;$\mathrm{B}(H_\mathrm{B},Q_\mathrm{B})$ 是并联后每台泵或风机工作点;$\mathrm{C}(H_\mathrm{C},Q_\mathrm{C})$ 是未并联时每台泵或风机工作点。其参数之间有如下关系:

$$H_A = H_B > H_C$$

$$Q_A = 2Q_B < 2Q_C$$

$$Q_A > Q_C > Q_B$$

可以看出,并联后的曲线有以下几个特点:

(1) $Q_C > Q_B$,管路系统只开一台机器时的流量大于并联后的单台泵工作时的流量,原因是并联后管路中总的流量增大,水头损失增加,单台泵与风机提供能头 H 增加,导致单台流量减小。

(2) $Q_C < Q_A < 2Q_C$,并联后管路系统的总流量增加了,两台泵并联工作时 A 点的总流量大于单台泵工作时 C 点的流量,但是流量没有成倍增加。这种现象在多台泵并联时,就很明显,而且当管道系统特性趋向较陡时,就更为突出,如图 6-7 所示。并联的台数越多,流量增加的比例越小,并联台数不宜过多。

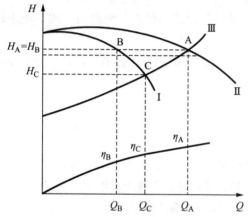

图 6-6　两台性能相同的离心泵并联工作图

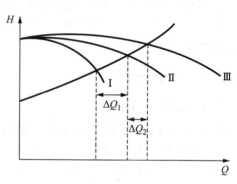

图 6-7　多台性能相同的泵并联工作图

(3) 泵与风机的性能曲线越陡(比转数越大),适于并联,Q_A 越接近 $2Q_C$。管路特性曲线越陡,越不适于并联。反之,越平坦,越适于并联。

(4) $H_A = H_B > H_C$,管路总流量增大,水头损失增加,所需扬程增加。

(5) 如两台泵长期并联工作,应按并联时各台泵的最大输出流量来选择电动机的功率,在并联工作时使其在最高效率点运行。在低负荷只用一台泵运行时,为使电动机不致于过载,电动机的功率就要按单独工作时输出流量的需要功率来配套。

2) 不同性能的泵或风机并联

两台性能不相同的离心泵的性能曲线如图 6-8 中Ⅰ和Ⅱ所示,并联工作后,其总性能曲线Ⅲ也是同扬程下两泵流量叠加的结果。在给定的泵性能曲线上取若干点作水平线,将Ⅰ和Ⅱ上对应点的流量求和得到新的流量点,连接这些新的点就可以得到两台泵并联后的总性能曲线。并联后的总性能曲线与管路特性曲线的交点为总的工况点。图 6-8 中 A 是两台不同性能泵或风机并联后的工作点;B、C 是并联后单台泵或风机工作点;D、E 是未并联时单台泵或风机工作点。其参数之间有如下关系:

$$H_A = H_B = H_C > H_D$$

$$H_A = H_B = H_C > H_E$$

$$Q_A = Q_B + Q_C < Q_D + Q_E$$

从图 6-8 中可以看出,同样,并联后管路系统的总流量小于并联前各台泵工作的流量之和,扬程大于并联前各台机器单独工作的扬程。扬程小的泵输出流量减少得多,当总流量减少时甚至没有输送流量。当并联后系统的工作点移至 F 点时,Ⅰ机器停开,否则产生倒流现象。两台性能不相同的离心泵的并联操作比较复杂,实际上很少采用。目前空调冷、热水系统中,多台并联水泵已广为采用,此时,宜采用相同型号及转数的水泵。并联运行是否经济合理,要通过研究各机效率而定。

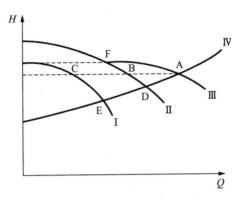

图 6-8　两台性能不相同的离心泵并联工作图

6.2.2　串联运行

串联运行(见图 6-9)的应用场合:

(1) 一台高压的泵或风机制造困难或者造价太高。

(2) 管网阻力增加,需要提高系统扬程时。

串联一般是指前面一台泵的出口向后面一台泵的进口输送液体,主要目的是提高扬程,增加输送距离。串联运行时,各机器流量 Q 相同,而管路系统总扬程等于各机器扬程的总和。

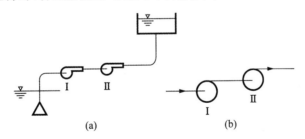

图 6-9　串联工作

(a) 两台泵串联　(b) 两台风机串联

1) 相同性能的泵或风机串联

两台性能相同的离心泵的性能曲线如图 6-10 中Ⅰ所示,串联工作后,其总性能曲线Ⅱ是同流量下两泵扬程叠加的结果。由于曲线重合,实际上只需在给定的泵性能曲线上取若干点作垂直线,即等流量线,将其扬程增加一倍,按照这些新的点就可以得到两台泵串联后的总性能曲线。串联后的总性能曲线与管路特性曲线的交点为总的工况点。如图 6-10 所示,图中 $A(H_A, Q_A)$ 是两台同性能泵或风机串联后工作点;$B(H_B, Q_B)$ 是串联后每台泵或风机工作点;$C(H_C, Q_C)$ 是未串联时每台泵或风机工作点。其参数之间有如下关系:

$$H_B < H_C < (H_A = 2H_B) < 2H_C$$
$$Q_A = Q_B > Q_C$$

可以看出,串联后的曲线有以下几个特点:

(1) $H_B < H_C < H_A < 2H_C$,串联后管路系统的扬程增加了,但是没有增加大到单独工作时扬程的 2 倍。串联的台数越多,扬程增加的幅度也越低。

(2) $Q_A = Q_B > Q_C$,串联后管路系统的流量增加了,这是因为串联后总扬程增加,管道系统流体速度增加,阻力损失增加。但是总扬程的增加大于管道阻力损失的增加,所以流量增加。

(3) 泵与风机的性能曲线越平坦(比转数越小),越适于串联。管路特性曲线越陡,越适于串联。反之,越平坦,越不适于串联。

(4) 串联运行时,泵的压力逐级升高,工作在后面的泵承受的强度要高。

(5) 启动时,注意各串联泵的出口阀都要关闭,待启动第一台泵后,再开该泵的出水阀然后再启动第二台泵,再打开第二台泵的出水阀向外供水。

2) 不同性能的泵或风机串联

两台性能不相同的离心泵的性能曲线如图 6-11 中 Ⅰ 和 Ⅱ 所示的串联工作后,其总性能曲线 Ⅲ 也是同流量下两泵扬程叠加的结果。在给定的泵性能曲线上取若干点作垂直线,将 Ⅰ 和 Ⅱ 上对应点的扬程求和得到新的扬程点,连接这些新的点就可以得到两台泵串联后的总性能曲线。串联后的总性能曲线与管路特性曲线的交点为总的工况点。图 6-11 中 A 是两台不同性能泵或风机串联后的工作点;B、C 是串联后单台泵或风机工作点;D、E 是未串联时单台泵或风机工作点。其参数之间有如下关系:

$$Q_A = Q_D = Q_E > Q_C$$
$$Q_A = Q_D = Q_E > Q_C$$
$$H_A = H_D + H_E < H_B + H_C$$

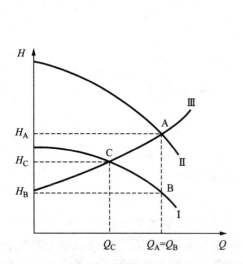

图 6-10 两台性能相同的离心泵串联工作图

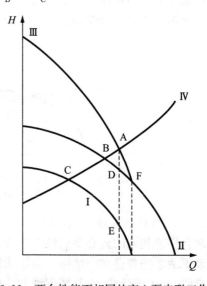

图 6-11 两台性能不相同的离心泵串联工作图

从图 6-11 中可以看出,串联后管路系统的总扬程小于串联前各台泵工作的扬程之和,流量大于串联前各台机器单独工作的流量。在 F 点左侧的串联才是合理的,在 F 点右侧,第二台泵相当于节流器减少输出量,增加阻力,只有当管路系统中流量最小,而阻力大的情况下,多机串联才是合理的,同时,要尽可能采用性能曲线相同的泵与风机进行串联。一般说来,设备联合运行要比单机运行效果差,工况复杂,分析麻烦。

　　3) 相同性能泵联合工作方式的选择

　　如果用两台性能相同的泵运行来增加流量时,采用两台泵并联或串联方式都可满足此目的。究竟哪种方式有利,这要取决于管路特性曲线。

　　在图 6-12 中,Ⅰ是两台泵单独运行时的性能曲线;Ⅱ是两台泵并联运行时的性能曲线;Ⅲ是两台泵串联运行时的性能曲线。三种不同陡度的管路特性曲线 1、2 和 3。管路特性曲线 3 是这两种运行方式优劣的界线。

　　管路特性曲线 2 与并联时的性能曲线Ⅱ相交于 A_2,与串联时的性能曲线Ⅲ相交于 A_2',由此看出,并联运行工作点 A_2 的流量大于串联运行工作点 A_2' 的流量。

　　管路特性曲线 1 与串联时的性能曲线Ⅲ相交于 B_2,与并联时的性能曲线Ⅱ相交于点 B_2',此时串联运行工作点 B_2 的流量大于并联运行工作点 B_2' 的流量。

　　管路系统装置中,若要增加泵的台数来增加流量时,究竟采用并联还是串联取决于管路特性曲线的陡坦程度。当管路特性曲线平坦时,采用并联方式增大的流量大于串联增大的流量;在并联后管路阻力并不增大很多的情况下一般采用并联方式来增大输出流量。当管路特性曲线陡峭时,采用串联方式增大的流量大于并联增大的流量。

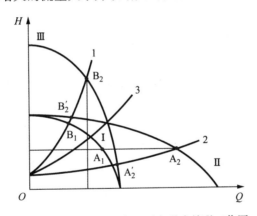

图 6-12　性能相同的离心泵串联或并联工作图

6.3　泵与风机运行工况的调节

　　在实际工程中,随着外界的要求,泵与风机都要经常进行流量调节。改变运转泵与风机的工作点,称工况调节。泵与风机在管网中工作,其工作点是泵与风机的性能曲线与管路性能曲线的交点。任何一条曲线发生变化,工作点也随之变化。因此,改变工作点有两大途径:改变管路特性和改变泵特性或者同时改变这两个曲线。

6.3.1　改变管路性能曲线的调节方法

　　在泵或风机转数不变的情况下,只调节管路阀门开度(节流),人为地改变管路性能曲线。节流调节就是在管路中装设节流部件(各种阀门,挡板等),利用改变阀门开度,使管路的局部阻力发生变化从而改变管路中的阻抗系数 S 来达到调节的目的。节流调节可分为两种：出口端节流和入口端节流。

1) 出口端节流(压出管上阀门节流)

利用开大或开小泵或风机压出管上阀门开度，使管路性能曲线改变，以达到调节流量的目的。这种调节方法十分简单，故应用甚广。但因它是靠改变阀门阻力(即增、减管网阻力)来改变流量的，当拟减小流量时，就需额外增加阻力，故不太节能。为估算这一节流损失，下面分析一下阀门全开和关到某一开度时的两种情况。

当阀门全开时，其管路性能曲线为 Ⅰ (见图 6-13)，设此时管路阻抗系数为 S_1，流量 Q_1 最大，则管路阻力损失最小为 $S_1 Q_1^2$，工作点为 D_1；

当阀门关至某一开度时，则管路曲线由 Ⅰ 变为 Ⅱ，此时管路阻抗系数为 S_2，流量减至为 Q_2，工作点由 $D_1 \rightarrow D_2$，阻力损失为 $S_2 Q_2^2$，而该流量 Q_2 对应于原管路的损失才为 $S_1 Q_2^2$，其余部分 $(S_2 - S_1)Q_2^2$ 为节流的额外压头损失。令

$$\Delta h_1 = H_{D_2} - H_{D_3} = (S_2 - S_1)Q_2^2$$

出口调节的方法简单易行，但随着节流程度增加，流量再减小，出口阀门关得更小，阻力增加就更大，能量损失增加，管路特性曲线更趋向陡直。相应多消耗的功率

$$\Delta N = \frac{\gamma Q_2 \Delta h_1}{\eta_{D_2}}$$

很明显，这种调节方式不经济，而且只能向小于设计流量一个方向调节。但这种调节方法可靠、简单易行，故仍广泛应用于中小功率泵上。

2) 入口端节流(吸入管上阀门节流)

改变安装在进口管路上的阀门(挡板)的开度来改变输出流量，称为入口端节流调节。当关小风机吸入管上的阀门时，不仅使管路性能曲线由原来的 Ⅰ 改变为 Ⅱ(见图 6-14)，实际上也改变了风机的性能曲线，由 Ⅲ 变为 Ⅳ。因为当吸入阀关小时，风机入口气体的压强也降低，相应的气体密度 ρ 就变小，其风机性能曲线也发生相应的改变，于是节流后的工作点由原 D 移至 D' 点上，其节流的额外压头损失 Δh_2 也相应减小，$\Delta h_2 < \Delta h_1$，所以比出口端节流有利。

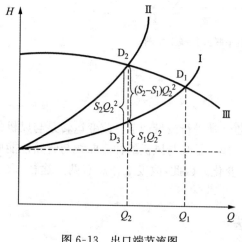

图 6-13　出口端节流图

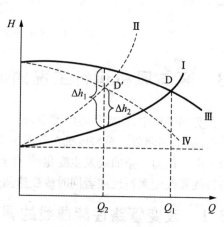

图 6-14　入口端节流图

流体在进入泵与风机前,流体压力已下降或产生预旋,使性能曲线相应发生变化。入口节流调节会使进口压力降低,对于泵来说有引起气蚀的危险,因而入口端调节仅在风机上使用,泵不采用。

6.3.2　改变泵或风机性能曲线的调节方法

由于空调事业的发展带来能耗剧增,为节约其能耗,各种变流量的泵或风机及变风量系统(VAV)和变水量系统(VWV)等相继问世。它们大多是在管路及阀门都不作任何改变即管路性能曲线不变的条件下,来调节泵或风机的性能曲线。所采用的方法有:改变泵或风机的转数;改变风机进口导流阀的叶片角度;切削泵的叶轮外径及改变风机的叶片宽度和角度等。

1) 改变泵或风机的转数

由相似律可知,当改变泵或风机转数 n 时其效率基本不变,但流量、压头及功率都按下式改变

$$\frac{Q}{Q_m} = \sqrt{\frac{H}{H_m}} = \sqrt[3]{\frac{N}{N_m}} = \frac{n}{n_m}$$

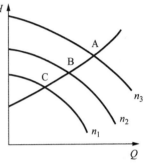

图 6-15　变速调节图

按此公式可将泵或风机在某一转速下的性能曲线换算成另一转速下的新的性能曲线。它与不变的管路性能曲线的交点即工作点由 A 变至 C 点,则泵与风机的流量由 Q_A 变至 Q_C (见图 6-15)。

注意:采用变速法时,应验算泵或风机是否超过最高允许转数和电机是否过载。

改变泵或风机转数的方法,有如下几种:

(1) 改变电机转数。

由电工学可知,异步电动机的理论转数 n(r/min)为

$$n = \frac{60f}{P}(1-s)$$

式中:f—为交流电频率/Hz;我国电网 $f=50$Hz;

　　P—为电机磁极对(数);

　　s—电机转差率(其值甚小,一般异步电动机在 0~0.1 之间)。

从上式看出,改变转速可以从改变 P 或 f 着手,因而产生了如下常用的电机调速法:

① 采用可变磁极对(数)的双速电机;

② 变频调速。

(2) 其他变速调节方法:有调换皮带轮变速,齿轮箱变速及水力偶合器变速等。

泵或风机变转速调节方法,不仅调节性能范围宽,而且并不产生其他调节方法所带来的附加能量损失,是一种调节经济性最好的方法。转速改变时,效率保持不变,其经济性比前述几种方法为高。

2) 改变风机进口导流叶片角度

在风机进口处装导流器又称风机启动多叶调节阀,导流器有轴向导流器、简易导流器及径向导流器,如图 6-16 所示。鉴于导流叶片既是风机的组成部分,又是管路上的调节阀,因此,它的转动既改变了风机性能曲线,同时又改变了管路性能曲线,因而调节性能灵活。由于导流

器结构简单,使用方便,其调节效率虽比改变转数差,但又比单纯改变管路性能曲线好,是风机常用的调节法。

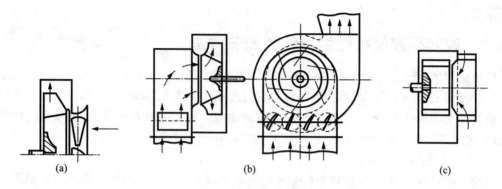

图 6-16　导流器型式

(a) 轴向导流器　(b) 简易导流器　(c) 径向导流器

当改变导流叶片角度时,能使风机本身的性能曲线改变。这是由于导流片使气流预旋改变了进入叶轮的气流方向所致。其调节原理和叶轮入口处气流发生预旋时的速度三角形如图 6-17 所示。

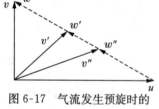

图 6-17　气流发生预旋时的
速度三角形

若改变绝对速度 v 的方向,则 v_u 和 v_r 也会发生变化,v_r 的改变会改变风机的流量,v_u 的变化则会使全压 p 发生变化

$$p = \rho(u_2 v_{u2} - u_1 v_{u1})$$

导流器全开时,气流无预旋进入流道,v_{u1} 为 0,转动导流叶片,产生预旋,v_{u1} 加大,从而全压 p 降低了。如图 6-18 所示,性能曲线往下移,从而使运行工况点往小流量区域移动。

当风机导流叶片角度为 0°(相当于未装导流器,风机在设计流量下工作),30°,60°时,风机性能曲线和管路性能曲线均有三条,其工作点分别为 1,2,3。

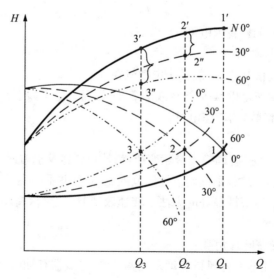

图 6-18　导流器调节特性曲线图

调节导流叶片角度而减少风量时,通风机功率沿着 $1',2',3'$ 下降。如不装导流器(风机曲线为 $0°$ 线),只靠前述的管网节流来使风量减小到 Q_2 和 Q_3 时,则风机功率沿着叶片角度为 $0°$ 的功率曲线由 $1'$ 向 $2'',3''$ 移动,所以用导流器调节,比单用管路节流阀调节所消耗功率小,是一种比较经济的调节方法,值得推广。

3) 切削水泵叶轮调节其性能曲线

切削叶轮直径是离心泵的一种独特的调节方法。叶轮直径切小后,叶轮出口处参数的变化对泵性能的影响,可由前述公式 $H_T = \dfrac{u_2^2}{g} - \dfrac{u_2}{g} \cdot \dfrac{Q_T}{F_2} \cot \beta_2$ 看出,当 D_2 减小时,如转数不变,u_2 要减小,使性能曲线下降,以达到调节流量的目的(见图 6-19)。将切割前后的泵的特性曲线绘制在同一图上,并过原点和 A,B 点作两条切割抛物线,它们所包围的四边形 $ABB'A'$,称作切割高效区工作四边形,该工作区 A,B 点所对应的效率一般不低于最高效率的 93%。

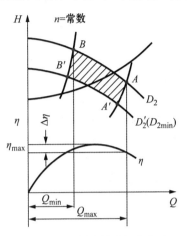

图 6-19　切削叶轮的调节方法

当叶轮车小后,与原叶轮并不相似了。因为叶轮直径与叶轮宽度之比及出口安装角 β_2 都变了,所以前述的相似叶轮关系,就只能勉强近似采用。

一般按经验公式进行换算,根据我国博山水泵厂的经验,建议按下式进行计算

$$\frac{Q'}{Q} = \frac{D_2' F_2'}{D_2 F_2} \tag{6-4}$$

$$\frac{H'}{H} = \left(\frac{D_2'}{D_2}\right)^2 \cdot \frac{\cot \beta_2'}{\cot \beta_2} \tag{6-5}$$

$$\frac{N'}{N} = \left(\frac{D_2'}{D_2}\right)^3 \cdot \frac{F_2'}{F_2} \cdot \frac{\cot \beta_2'}{\cot \beta_2} \tag{6-6}$$

式中:Q',H'——叶轮车削后的流量,扬程;

D_2',F_2',β_2'——分别为叶轮切削后的外径,出口过流面积和叶片出口安装角。

实践证明,如果切削量不大,则切削后的泵与原泵在效率方面近似相等,故式(6-4)、式(6-5)、式(6-6)可不考虑 F_2 与 β_2 的修正,仅取直径比进行换算。

通常水泵厂对同一型号的泵除提供标准叶轮外,还提供二三种不同直径的叶轮供用户选用。当切削量太大时,则泵的效率明显下降。通常叶轮的切削量与其比转数 n_s 有关,如表 6-1 所示。

表 6-1　叶片泵叶轮的最大车削量

比转数	60	120	200	300	350	350 以上
允许最大车削量 $\dfrac{D_2 - D_2'}{D_2}$	20%	15%	11%	9%	7%	0
效率下降值	每车削 10% 下降 1%			每车削 4% 下降 1%		

6.3.3　改变并联泵台数的调节方法

在大型排灌站或热水系统中,可用改变并联泵运行台数进行流量调节,这是一种很简单的

调节方式。其操作方法通常是监视前方水池液面,以控制运转水泵台数,并同时在这种系统中装有专门用来补充调节幅度的小机组。

由图 6-5 可以看出,因并联台数的不同,其并联后的性能曲线各异。于是,与管道曲线相交得若干工作点,由于工作点的流量变化很大,故此法不便进行流量的微调。另外,若这一系统改为一台泵运行时,则这台泵可能会因为流量过大(指大于并联运行时各机的流量)而易发生气蚀,为避免这些缺点,此方法常和节流调节共同使用。

6.3.4 泵与风机的起动

泵或风机的起动,对原动机而言属于轻载荷起动。因此,在中、小型装置中,机组起动并无问题。但对大型机组的起动,则因机组惯性大,就会引起很大的冲击电流,影响电网的正常运行,必须对起动予以足够的重视。

前已述及,当转速不变时,离心式泵或风机的轴功率 N 随流量的增加而增加;对轴流泵或风机,轴功率 N 随流量 Q 的增加而减小;而混流泵则介于两者之间。所以离心泵或风机在 $Q=0$ 时 N 最小,故应关阀起动;轴流泵或风机 $Q=0$ 时 N 最大,应开阀起动。

据统计,在关闭阀门时,机器功率 $N_{Q=0}$ 值变化范围如下:

离心式泵或风机 $\qquad N_{Q=0} = (30\% \sim 90\%)N$

混流泵 $\qquad N_{Q=0} = (100\% \sim 130\%)N$

轴流式泵或风机 $\qquad N_{Q=0} = (140\% \sim 200\%)N$

式中,N 为机器额定轴功率/kW。

【例 6-4】 设有一台水泵,当转速 $n=1\,450\,\text{r/min}$ 时,其参数列于下表:

$Q/(\text{L/s})$	0	2	4	6	8	10	12	14
H/m	11	10.8	10.5	10	9.2	8.4	7.4	6
$\eta/\%$	0	15	30	45	60	65	55	30

管路系统的综合阻力系数 $S=0.24\,\text{s}^2/\text{m}^5$,几何扬水高度 $H_z=6\,\text{m}$,上下两水池水面均为大气压,求:①泵装置在运行时的工作参数;②当采用变转速方法使流量变为 6 L/s 时,泵的转速该为多少?相应的其他参数是多少?③如以节流阀调节流量,使流量变为 6 L/s 时,有关工作参数是多少?

解:① 将表中在 $n=1\,450\,\text{r/min}$ 时的参数绘成 $Q\text{-}H$ 曲线和 $Q\text{-}\eta$ 曲线标在下图中。由题意管路特性曲线为:

$$H = H_{sj} + SQ^2 = 6 + 0.024Q^2$$

用适当的流量值代入上式可获得下表的数据,将管路特性曲线绘于图上,如 CE。工作点即为泵性能曲线和管路特性曲线的交点 A。

$Q/(\text{L/s})$	0	2	4	6	8	10	12
H/m	6	6.1	6.38	6.86	7.54	8.4	9.46

A 点的参数为:

$$Q_A = 10\,\text{L/s}, \quad H_A = 8.4\,\text{m}, \quad \eta_A = 65\%$$

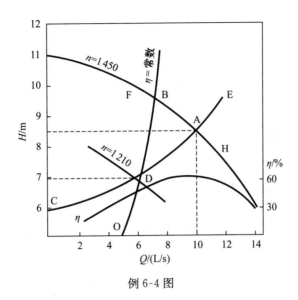

例 6-4 图

所需的轴功率计算如下：

$$N = \frac{\gamma QH}{\eta} = \frac{9.807 \times \frac{10}{1000} \times 8.4}{0.65} = 1.28\,(\mathrm{kW})$$

② 变转速方法使流量变为 6 L/s 时，因管路特性曲线未变，故可在性能曲线上的 D 点查得 $H_D = 6.86\,(\mathrm{m})$。

由于相似律只能应用于相似工况，首先应求出对应于 D 的，在 $n = 1450\,\mathrm{r/min}$ 条件下的相似工况点。

对于 Q-H 曲线上的相似工况点应同时满足

$$\left(\frac{Q}{Q_D}\right)^2 = \frac{H}{H_D} = \left(\frac{n}{n_D}\right)^2$$

$$\frac{H}{Q^2} = K_D$$

根据已知条件，$Q_D = 6\,\mathrm{L/s}$，$H_D = 6.86\,\mathrm{m}$，代入上式得

$$\frac{H}{Q^2} = K_D = 0.191$$

此式说明所有 $K_D = 0.191$ 的点所代表的工况点都是相似的。将适当的 Q 值代入此式后计算得出相应的 H 值的结果列于下表，据此绘出与 D 点相似的相似工况点曲线，如图上的 OB 所示。

$Q/(\mathrm{L/s})$	0	2	4	6	7	8	10
H/m	0	0.76	3.06	6.86	9.36	12.22	19.1

OB 与泵的 Q-H 曲线相交于 B 点，查图可得 $Q_B = 7.1\,\mathrm{L/s}$，$H_B = 9.5\,\mathrm{m}$。对应工作点 D 的泵的转速为：$n_D = n\dfrac{Q_D}{Q_B} \approx 1210\,(\mathrm{r/min})$。

D 点的效率和 B 点的效率相同：

$$\eta_D = \eta_B = 52\%$$

所需的轴功率计算如下：

$$N_D = \frac{\gamma Q_D H_D}{\eta_D} = \frac{9.807 \times \frac{6}{1\,000} \times 6.86}{0.52} = 0.78\,(\text{kW})$$

③ 以节流阀调节流量，泵的性能曲线不变，工作点位于图上的 F 点。查图可得：

$$Q_F = 6\,(\text{L/s}), \quad H_F = 10\,(\text{m}), \quad \eta_F = 45\%$$

计算轴功率为

$$N_F = \frac{\gamma Q_F H_F}{\eta_F} = \frac{9.807 \times \frac{6}{1\,000} \times 10}{0.45} = 1.31\,(\text{kW})$$

根据以上计算可以看出，采用节流阀调节流量时有额外的损失 $H_F - H_D = 10 - 6.86 = 3.14\,(\text{m})$，轴功率是改变泵转速时功率的 $1.31/0.78 = 1.68$ 倍，多消耗 68%。

6.4 离心泵正常工作所需附件及扬程计算

6.4.1 离心泵装置的管路及附件

从泵和风机输出的有效功率 $N_e = \gamma QH$ 来看，两者的区别在于 γ（容重）不同，当采用离心式泵提升液体时，就必须向泵内（包括吸水管内）充满液体，为此，在泵体上常设有充液孔或漏斗，有时还另设真空抽气泵将水抽入吸水管和泵体，否则就只能输入空气而打不上水来。因此，泵在提升液体的整个装置中，除离心式泵中常配有管路和其他一些必要的零部件。典型的泵装置如图 6-20 所示。

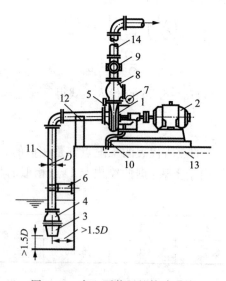

图 6-20 离心泵装置的管路系统

1-离心式泵；2-电动机；3-拦污栅；4-底阀；5-真空计；6-防振件；7-压力表；
8-止回阀；9-闸阀；10-排水管；11-吸入管；12-支座；13-排水沟；14-压出管

图 6-20 中离心式泵 1 与电动机 2 用联轴器相连接,共装在同一座底座上,这些通常都是由制造厂配套供应的。

从吸液池液面下方的拦污栅 3 开始到泵的吸入口法兰为止,这段管段叫做吸入管段。底阀 4 用于泵起动前灌水时阻止漏水。泵的吸入口处装有真空计 5,以便观察吸入口处的真空度。吸入管段的水力阻力应尽可能降低,其上一般不设置阀门。水平管段要向泵方向抬升(坡度＝1/50)。过长的吸入管段要装设防振件 6。

泵出口以上的管段是压出管段。泵的出口装有压力表 7,以观察出口压强。止回阀 8 用来防止压出管段中的液体倒流。闸阀 9 则用来调节流量的大小。应当注意使压出管段的重量支承在适当的支座上,而不直接作用在泵体上。

此外,还应装设排水管 10,以便将填料盖处漏出的水引向排水沟 13。有时,由于防振的需要,又在泵的出、入口处设置高压橡胶软接头。

另外,安装在供热、空调循环水系统上的水泵,又需在其出、入口装温度计,入口管上装闸阀及水过滤器,并将吸入口处所装真空计改装为压力表。

6.4.2　泵装于各种管路时的扬程计算

1) 根据泵上压力表和真空计读数确定扬程

泵出入口处所装的压力表和真空计所示的读数可以近似地表明泵在工作时所具有的实际扬程。

根据如图 6-21 所示的简图,以下水池液面为基准,列出断面 1—1 与 2—2 的能量方程后可得出泵的扬程为

$$H = \frac{p_2 - p_1}{\gamma} + \frac{v_2^2 - v_1^2}{2g}$$

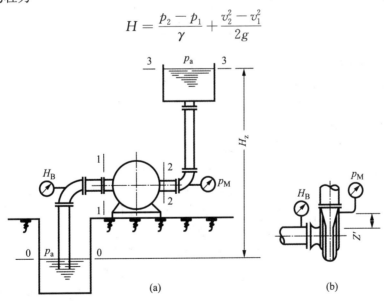

图 6-21　计算泵的扬程示意图

(a) 泵装置简图　(b) 压力表与真空计的安装高度差

当作用在上水池和下水池液面的压强均为大气压 p_a 时,则有如下的关系

$$\frac{p_2}{\gamma} = \frac{p_a + p_M}{\gamma}$$

$$\frac{p_1}{\gamma} = \frac{p_a}{\gamma} - H_B$$

式中：p_M—泵出口处压力表的读数/Pa；

H_B—泵吸入口处真空计所示的真空度/mH$_2$O。

代入用能量方程式表示的扬程计算式，可得：

$$H = \frac{p_a + p_M}{\gamma} - \left(\frac{p_a}{\gamma} - H_B\right) + \frac{v_2^2 - v_1^2}{2g} = \frac{p_M}{\gamma} + H_B + \frac{v_2^2 - v_1^2}{2g} \tag{6-7}$$

式中符号同前。

通常泵吸入口与出口的流速相差不大，以 $\frac{v_2^2 - v_1^2}{2g}$ 计的速度头可以忽略不计。于是可得：

$$H = \frac{p_M}{\gamma} + H_B \tag{6-8}$$

由此可见在泵装置中，一般可以用压力表与真空计的示度近似地表明泵的扬程。

应用式(6-7)和式(6-8)时，应注意压力表与真空计的安装位置是否存在高差？当两者具有高差 Z' 如图 6-21(b)时，则应按下式计算泵的扬程

$$H = \frac{p_M}{\gamma} + H_B + \frac{v_2^2 - v_1^2}{2g} + Z' \tag{6-9}$$

2）泵在管网中工作时所需扬程之确定

（1）泵向开式(通大气)水池供水时。

如果希望得到泵的扬程与整个泵与管路装置之间的关系，可以列出图 6-21(a)中断面 0—0 与断面 3—3 间的能量方程式来求出

$$H = H_Z + \frac{p_a}{\gamma} + \frac{v_3^2}{2g} + h_1 + h_2 - \left(\frac{p_a}{\gamma} + \frac{v_0^2}{2g}\right) = \frac{v_3^2 - v_0^2}{2g} + H_Z + h_t \tag{6-10}$$

式中：H_Z—上下两水池液面的高差，也称几何扬水高度/m；

h_t—整个泵装置管路系统的阻力损失/m，$h_t = h_1 + h_2$；

h_1—吸入管段的阻力损失/m；

h_2—压出管段的阻力损失/m。

其余符号同前。如两池水面足够大时，则可以认为上下水池流速 $v_3 = v_0 = 0$，上式就简化为：

$$H = H_Z + h_t \tag{6-11}$$

此式说明泵的扬程为几何扬水高度和管路系统流动阻力之和。通常就是根据式(6-10)和式(6-11)得出的扬程，作为分析工况和选择泵型的依据。

值得注意，当前高层建筑空调系统中，常将冷却水系统的冷却水塔布置在楼顶上，此时，计算冷凝水泵所需扬程 H 时，H_Z 应等于冷却水塔本身喷水管至水池的高差如图 6-22 所示，且不可误认为等于 H_a。

（2）泵向压力容器供水时。

显然，当上部水池不是开式，而是将液体压入压力容器时，例如，锅炉补给水泵需将水由开式补水池(液面压强为大气压强

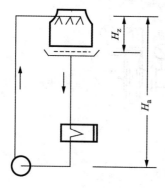

图 6-22　计算冷凝水泵
扬程的示意图

p_a)压入压强为 p 的锅炉内,则在计算时应考虑 $\dfrac{p-p_a}{\gamma}$ 的附加扬程。如从低压容器(压强为 p_0)

向高压容器(压强为 p)供水时所需扬程应附加 $\dfrac{p-p_0}{\gamma}$。

(3) 泵在闭合环路管网上工作时。

此时泵所需扬程仅仅是等于该环路的流动阻力。

值得重述,泵的扬程是指单位重量流体从泵入口到出口的能量增量,它与泵的出口水头是两个不同的概念,不能片面地理解为泵能将水提升 H(m)高。

【例 6-5】　试求输水量 $Q=50\ \mathrm{m^3/h}$ 时离心泵所需的轴功率。设泵出口压力表读数为 255 000 Pa,泵入口真空表读数为 33 340 Pa,表位差为 0.6 m,吸水管与压水管管径相同,离心泵的总效率 $\eta=0.62$。

解:由于吸水管与压水管管径相同,因此 $v_1=v_2$

该泵的扬程为:$H=H_z+\dfrac{p_2-p_1}{\rho g}+\dfrac{v_2^2-v_1^2}{2g}=0.6+\dfrac{255\,000-(-33\,340)}{1\,000\times9.806}+0=30(\mathrm{m})$

轴功率为 $N=\dfrac{N_e}{\eta}=\dfrac{\rho g Q H}{\eta}=\dfrac{1\,000\times9.806\times50\times30.004}{1\,000\times3\,600\times0.62}=6.59(\mathrm{kW})$

6.5　泵与风机运行中的主要问题

泵与风机在运行中尚存在如效率不太高,以及气蚀、振动、噪声、磨损等问题。

6.5.1　泵与风机的振动

泵与风机运行过程中,常常由于各种原因引起振动,严重时甚至威胁到泵与风机的安全运转。其振动原因是很复杂的,特别是当前机组容量日趋大型化时,泵与风机的振动问题尤为突出和重要。

泵与风机振动的原因大致有以下几种。

1) 流体流动引起的振动

由于泵与风机内或管路系统中的流体流动不正常而引起的振动,这和泵与风机以及管路系统的设计好坏有关,与运行工况也有关。因流体流动异常而引起的振动,有气蚀、旋转失速和冲击等方面的原因,现分述如下。

(1) 气蚀引起振动。

当泵入口压力低于相应水温的汽化压力时,泵会发生气蚀。一旦发生气蚀,泵就会产生剧烈的振动,并伴随有噪声。尤其是对高速大容量给水泵,由气蚀产生的振动问题,在设计和运行中应给予足够重视。

(2) 旋转失速(旋转脱流)引起振动。

① 失速现象。流体顺着机翼叶片流动时,作用于叶片的力有两种,即垂直于流线的升力与平行于流线的阻力。当气流完全贴着叶片呈流线型流动时,这时升力大于阻力,如图 6-23(a)所示。当气流与叶片进口形成正冲角,且此正冲角达到某一临界值时,叶片背面流动工况开始恶化;当冲角超过临界值时,边界层将受到破坏,在叶片背面尾端出现涡流(如图 6-23(b)所

示),使阻力大增,升力骤减。这种现象称为"失速"或"脱流"。若冲角再增大,失速会更为严重,甚至出现流道阻塞现象。

② 旋转失速现象。旋转失速现象如图 6-23(c)所示,当气流流向叶道 1,2,3,4,与叶片进口角发生偏离时,则出现气流冲角。当气流冲角达到某一临界值时,在某一个叶片上首先发生脱流现象。假定在叶道 2 内首先由于脱流而产生阻塞现象,原先流入叶道 2 的流体只能分流入叶道 1 和 3,此分流的气流与原先流入叶道 1 和 3 的气流汇合,改变了原来气流的流向,使流入叶道 1 的冲角减小了,而流入叶道 3 的冲角则增大,这样就防止了叶片 1 背面产生脱流,但却促使叶片 3 发生脱流。叶道 3 的阻塞又使其气流向叶道 4 和叶道 2 分流,这样又触发了叶片 4 背面的脱流。这一过程持续地沿叶轮旋转相反的方向移动。实验表明,这种移动是以比叶轮本身旋转速度小的相对速度进行的,因此,在绝对运动中,就可观察到脱流区的速度旋转,这种现象称为旋转脱流。

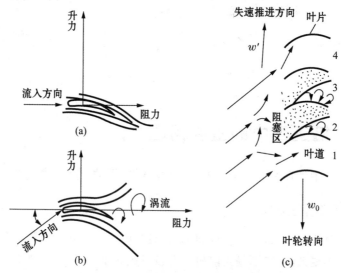

图 6-23　失速和旋转失速(脱流)的形成
(a) 正常工况　(b) 失速工况　(c) 旋转失速的形成

③ 喘振现象。当具有驼峰形 Q-H 性能曲线的泵与风机在其曲线上 K 点以左的范围内工作时,即在不稳定区工作,就往往会出现喘振现象,或称飞动现象,如图 6-24 所示。

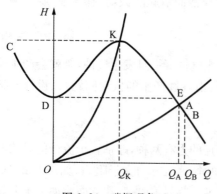

图 6-24　喘振现象

图 6-24 中给出了具有驼峰形的某一风机的 Q-H 性能曲线。当其在大容量的管路中进行工作时,此时管路特性曲线和风机的性能曲线相交于 A 点,风机产生的能量克服管路阻力达到平衡运行,因此,A 工作点是稳定的。当外界需要的流量增加至 Q_B 时,工作点向 A 的右方移动至 B 点,只要阀门开大,阻力减小些,此时工作仍然是稳定的。当外界需要的流量减少至 Q_K,此时阀门关小,阻力增大,对应的工作点为 K 点。K 点为临界点,K 点的左方即为不稳定工作区。

当外界需要的流量继续减小到 Q_K 以下,这时风机所产生的最大扬程将小于管路中的阻力,然而由于管路容量较大(相当于一大容器),在这一瞬间管路中的阻力仍为 H_K。因此,出现管路中的阻力大于风机所产生的扬程,流体开始反向倒流,由管路倒流入风机中(出现负流量),即流量由 K 点窜向 C 点。这一倒流使管路压力迅速下降,流量流向低压,工作点很快由 C 点跳到 D 点,此时风机输出流量为零。由于风机在继续运行,管路中压力已降低到 D 点压力,因此,泵或风机又重新开始输出流量,对应该压力下的流量是可以输出达 Q_E。即由 D 点又跳到 E 点。只要外界所需的流量保持小于 Q_K,上述过程会重复出现,也即发生喘振。如果这种循环的频率与系统的振动频率合拍,就会引起共振,共振常造成泵与风机的损坏。

防止喘振的措施有以下几种:

a. 大容量管路系统中尽量避免采用具有驼峰形的性能曲线,而应采用性能曲线平直向下倾斜的泵与风机。

b. 使流量在任何条件不小于 Q_K。如果装置系统中所需要的流量小于 Q_K 时,可装设再循环管,使部分流出量返回吸入口,或自动排放阀门向空排放,使泵与风机的出口流量始终大于 Q_K。

c. 改变转速,或在吸入口处装吸入阀。当降低转速或关小吸入阀时,性能曲线向左下方移动,临界点随之向小流量方向移动,从而缩小性能曲线上的不稳定段。

d. 采用可动叶片调节。当外界需要的流量减小时,减小动叶安装角,性能曲线下移,临界点随着向左下方移动,最小输出流量相应变小。

e. 在管路布置方面,对水泵应尽量避免压出管路内积存空气,如不让管路有起伏,但要有一定的向上倾斜度,以利排气。另外,把调节阀门及节流装置等尽量靠近泵出口安装。

(3) 水力冲击引起的振动。

由于给水泵叶片的涡流脱离的尾迹要持续一段较长的距离,在动静部分产生干涉现象,当给水由叶轮叶片外端经过导叶,或蜗舌时,要产生水力冲击,形成一定频率的周期性压力脉动,传给泵体后,往往由于和管路及基础的固有频率相同而引起共振。若各级动叶和导叶组装的进出水在同一方位,水力冲击将叠加起来引起振动。防止振动的措施包括,适当增加叶轮外沿与导叶或蜗舌之间的间隙,或交叉改变流道进出水方位,以缓和冲击或减小振幅等。

2) 机械引起的振动

(1) 转子质量不平衡引起振动。

在现场发生振动的原因中,属于转子质量不平衡的振动占多数,其特征是振幅不随机组负荷改变而变化,而是与转速高低有关。造成转子质量不平衡的原因很多,如运行中叶轮或叶片的局部腐蚀磨损;叶片表面积垢;风机翼型空心叶片因局部磨穿进入飞灰;轴与密封圈发生强烈的摩擦而产生局部高温引起轴弯曲致使重心转移;叶轮上的平衡块质量与设置位置不对,检修后未进行转子动、静平衡等,均会产生剧烈的振动。因此,为保证转子质量的平衡,在组装前必须进行静、动平衡试验。

(2) 转子中心不正引起振动。

如果泵与风机与原动机联轴器不同心,由于机械加工精度差或安装不合要求,而使接合面不平行度达不到安装要求,就会使联轴器的间隙随轴旋转出现忽大忽小的现象,发生质量不平衡的周期性强迫振动。其原因主要是:泵与风机安装或检修后找中心不正;暖泵不充分造成上下壳温差使泵体变形;设计或布置管路不合理,因管路膨胀推力使轴心错位;轴承架刚性不好或轴承磨损等。

(3) 转子的临界转速引起振动。

当转子的转速逐渐增加并接近泵与风机转子的固有频率时,泵与风机就会剧烈地振动起来。转速低于或高于这一转速时,却能平稳地工作。通常把泵与风机发生振动时的转速称为临界转速 n_C。泵与风机的工作转速不能与临界转速相重合、相近或成倍数,否则将发生强烈的共振,使泵与风机难以正常工作,甚至导致结构破坏。

泵与风机的工作转速低于第一临界转速的轴称为刚性轴,高于第一临界转速的轴称为柔性轴。泵与风机的轴多采用刚性轴,以利扩大调速范围,但随着泵的尺寸增加或为多级泵时,泵的工作转速则经常高于第一临界转速,一般采用柔性轴。

(4) 动静部件之间的摩擦引起振动。

若由热应力而造成泵体变形过大或泵轴弯曲,以及其他原因使转动部件与静止部件接触发生摩擦,则摩擦力作用方向与轴旋转方向相反,对转轴有阻碍作用,有时使轴剧烈偏移而产生振动,这种振动是自激振动,与转速无关。

(5) 平衡盘设计不良引起振动。

多级离心泵的平衡盘设计不良亦会引起泵组的振动。若平衡盘本身的稳定性差,当工况变化后,平衡盘失去稳定,将产生较大的左右窜动,造成泵轴有规则的振动,同时使动盘与静盘产生碰撞磨损。

(6) 原动机引起振动。

驱动泵与风机的各种原动机由于本身的特点,也会产生振动。如泵由汽轮机驱动时,其作为流体动力机械本身亦有各种振动问题,从而形成轴系振动,在此不予赘述。此外,基础不良或地脚螺钉松动也会引起振动。

6.5.2 噪声

随着工业的高速发展,以及人们环保意识的提高,噪声问题也显得越来越重要,也是近代工业的一大公害。泵与风机是热力发电厂的一个主要的噪声源,如 300 MW 机组的送风机附近的噪声曾高达 124 dB,如果人们长期在这样的环境中工作,对健康是十分有害的。所以,噪声问题作为改善劳动条件和保护环境的重要内容之一,已日益受到重视。另外,国家针对噪声的相关环保法规也愈来愈严格,要求泵与风机的噪声控制在一定的范围内。

关于泵与风机的噪声频谱特性,有关单位作过一些调查,100 kW 电动给水泵 96～97 dB;100 kW 凝结水泵噪声 104 dB;20 kW 循环水泵噪声 97 dB;64 kW 送风机噪声 100 dB;100 kW 引风机噪声 88～106 dB,100 kW 排粉风机噪声 95～110 dB;20 kW 三相感应电动机噪声 103 dB(均用丹麦 2203 声级计测量)。这些泵与风机的噪声基本上呈中高频特性,对人体健康是有害的。从保护环境和改善劳动条件出发,对泵与风机的桨叶及叶轮等部件设计及加工提出了更高的要求。对于不能通过设计及加工技术提高达到要求的情况下,应采取消声措施。泵与风机在一定工况下运转时,产生强烈噪声,主要包括空气动力噪声和机械噪声两部分。使用消声器能有效控制其噪声;在具体的噪声控制技术上,可采用吸声、隔声和消声三种措施。

6.5.3 磨损

1) 引风机叶轮及外壳的磨损

引风机虽设置在除尘器后,由于除尘器并不能把烟气中全部固体微粒除尽,剩余的固体微粒随烟气一起进入引风机,引起引风机磨损。叶轮的磨损常发生在轮盘的中间附近,严重磨损部位为靠近后盘一侧出口及叶片头部。防止或减少引风机磨损的方法有:首先是改进除尘器。提高除尘效率;其次是适当增加叶片厚度,在叶片表面易磨损的部位堆焊硬质合金,把叶片根部加厚加宽;还可用离子喷焊铁铬硼硅等耐磨材料,刷耐磨涂料(如石灰粉加水玻璃、辉绿岩粉或硅氟酸钠加水玻璃);选择合适的叶型,以减少积灰、振动。

2) 灰浆泵和排粉风机的磨损

灰浆泵是用来把灰渣池中的灰浆排到距电厂很远的储灰场去的设备,和排粉风机一样,磨损也极为严重,因此要定期更换叶轮或叶片。

目前解决灰浆泵和排粉风机磨损的方法主要是采用耐磨的金属材料,另外在叶片表面上堆焊耐磨合金也可延长寿命。

6.6 泵与风机的选型

由于泵或风机装置的用途和使用条件千变万化,而泵或风机的种类又十分繁多,故合理地选择其类型或型式及决定它们的大小,以满足实际工程所需的工况是很重要的。

选择泵与风机的一般原则是:保证泵或风机系统正常、经济地运行,即所选择的泵或风机不仅能满足管路系统流量、扬程(风压)的要求,而且能保证泵或风机经常在高效段内稳定地运行,同时泵或风机应具有合理的结构。

选择时应考虑以下几个具体原则:

(1) 首选泵或风机应满足生产上所需要的最大流量和扬程或压头的需要,并使其正常运行工况点尽可能靠近泵或风机的设计点,从而保证泵或风机长期在高效区运行,以提高设备长期运行的经济性。

(2) 力求选择结构简单、体积小、重量轻及高转速的泵或风机。

(3) 所选泵或风机应保证运行安全可靠,运转稳定性好。为此,所选泵或风机应不具有驼峰状的性能曲线;如果选择有驼峰状性能曲线的泵或风机,则应使其运行工况点处于峰点的右边,而且扬程或压头应低于零流量时的扬程或压头,以利于设备的并联运行。如在使用中流量的变化大而扬程或压头变化很小,则应该选择平坦的性能曲线;如果要求扬程或压头变化大而流量变化小,则应选择陡降形性能曲线。对于水泵,还应考虑其抗气蚀性能要好。

(4) 对于有特殊要求的泵或风机,还应尽可能满足其特殊要求。如,安装地点受限时应考虑体积要小,进出口管路便于安装等。

(5) 必须满足介质特性的要求。

① 对输送易燃、易爆有毒或贵重介质的泵,要求轴封可靠或采用无泄漏泵,如磁力驱动泵、隔膜泵、屏蔽泵。

② 对输送腐蚀性介质的泵,要求对过流部件采用耐腐蚀性材料,如 AFB 不锈钢耐腐蚀泵,CQF 工程塑料磁力驱动泵。

③ 对输送含固体颗粒介质的泵,要求对过流部件采用耐磨材料,必要时轴封应采用清洁液体冲洗。

(6) 机械方面可靠性高、噪声低、振动小。

(7) 经济上要综合考虑到设备费、运行费、维修费和管理费的总成本最低。

（8）离心泵具有转速高、体积小、重量轻、效率高、结构简单、输液无脉动、性能平稳、容易操作和维修方便等特点。

由于泵或风机的用途和使用条件千变万化，而泵或风机的种类繁多，正确选择泵和风机满足各种不同的工程使用要求是非常必要的。在选择泵或风机的时候，首先应根据生产上的要求、所输送流体的种类和性质以及通风机或泵的种类、用途，决定选择哪一类的泵或风机，比如：输送一般清水时应选择清水离心泵，输送污水时应选择污水泵，输送泥浆时应选择泥浆泵，等等；输送爆炸危险气体时应选择防爆通风机，空气中含有木屑、纤维或尘土时应选择排尘通风机等。选用的程序及注意事项概括如下。

1）选类型

首先应充分了解泵或风机的用途、管路布置、地形条件、被输送流体状况、水位以及运输条件等原始资料。

2）确定选机流量及压头

根据工程要求，合理确定最大流量与最高扬程或风机的最高风压。然后分别加 $10\% \sim 20\%$ 不可预计（如计算误差、漏耗等）的安全量作为选泵或风机的依据，即：

$$Q = 1.1Q_{max}(\text{m}^3/\text{h})$$

$$H = 1.1 \sim 1.2H_{max}(\text{m}) \quad \text{或} \quad p = 1.1 \sim 1.2p_{max}(\text{Pa})$$

3）确定型号大小和转数

根据已知条件选用适当的设备类型，制造厂给出的产品样本中通常都列有该类型泵或风机的适用范围。应尽量选择系列化、标准化、通用化、性能优良的产品。

当泵或风机的类型选定后，要根据流量和扬程或风机全压，查阅样本或手册，选定其大小（型号）和转数。

现行的样本有几种表达泵或风机性能的曲线和表格。一般可先用综合"选择曲线图"，进行初选。此种选择曲线已将同一类型各种规格和转数的性能曲线，绘在一张图上，使用方便。对于风机还可用"无因次性能曲线"进行选择工作。

选择泵或风机的出发点，是把工程需要的工作点（即 Q、H）选落在机器性能的哪根曲线上的哪一点的问题。回答是：工作点应落在机器最高效率（η 线的顶峰值）的 $\pm 10\%$ 的高效区，并在 $Q\text{-}H$ 曲线的最高点的右侧下降段上，以保证工作的稳定性和经济型。

目前，生产厂家多用表格给出该机在高效率和稳定区的一系列数据点，选机时，应使所需的 Q 和 H 与样本给出值分别相等，不得已时，允许样本值稍大于需要值（多指扬程值）。

4）选电动机及传动配件或风机转向及出口位置

确定泵或风机型号时，同时还要确定其转速、原动机型号和功率、传动方式、皮带轮大小等。性能参数表上若附有所配用的电机型号和配用件型号可以直接套用，若采用性能曲线图选择，图上只有轴功率曲线，需另选电机型号及传动配件。泵或风机进出口方向应注意与管路系统相配合。对于泵，还应查明允许吸入口真空高度或必须气蚀余量，并核算安装高度是否满足要求。

配套电机功率 N_m 可按下式计算：

$$N_m = K \cdot \frac{N}{\eta_i} = K \cdot \frac{\gamma QH}{\eta_i \eta} = K \cdot \frac{Qp}{1000\eta_i \eta}(\text{kW})$$

式中：Q—流量/（m³/s）；

H—扬程/mH₂O；

p—风机全压/Pa；

K—电机安全系数(见表 6-2)。

表 6-2 电动机安全系数

电动机功率/kW	>0.5	0.5~1.0	1.0~2.0	2.0~5.0	>5.0
安全系数 K	1.5	1.4	1.3	1.2	1.15

η_i—传动效率。电机直联 $\eta_i=1.0$；联轴器直联传动 $\eta_i=0.95\sim0.98$；三角皮带传动 $\eta_i=0.9\sim0.95$；

γ—容重。按 SI 制为 kN/m³，而 ρ 密度为 kg/m³(数值上等于工程制中的 γ 值)。

另外，泵与风机转向及进、出口位置应与管路系统相配合(风机叶轮转向及出口位置按图 4-26 代号表达)。

5) 几点注意事项

(1) 当选水泵时，应注意防止"气蚀"发生。从样本上查出标准条件下的允许吸上真空高度$[H_s]$或气蚀余量$[\Delta h]$，按式(5-30)或式(5-36)验算其几何安装高度。

此时，如输送液体温度及当地大气压强与标准条件(20℃清水，$p=101.325\ \text{kPa}$)不同时，还须对$[H_s]$进行修正。

(2) 对非样本规定条件下的流体参数之换算。

泵或风机样本所提供的数据(Q,H)是在规定的条件下得出的，当所输送的流体温度或密度以及当地大气压强与规定条件不同时，应进行参数换算。

一般风机的标准条件是大气压强为 101.325 kPa，空气温度为 20℃，相对湿度为 50%。

锅炉引风机的标准条件是大气压强为 101.325 kPa，气体温度为 200℃，相应的容重 $\gamma=0.745(\text{kN/m}^3)$。

$$\frac{p}{p_0}=\frac{\rho}{\rho_0}=\frac{\gamma}{\gamma_0}=\frac{B}{101.325}\cdot\frac{273+t_0}{273+t}$$

(3) 应当结合具体情况，考虑是否采用并联或串联工作方式，是否应有备用设备。必要时尚需进行初投资与运行费的综合经济、技术比较。对正常运转的泵，一般只用一台，因为一台大泵与并联工作的两台小泵相当(指扬程、流量相同)，大泵效率高于小泵，故从节能角度讲宁可选一台大泵，而不用两台小泵，但遇有下列情况时，可考虑两台泵并联合作：

① 流量很大，一台泵达不到此流量；

② 对于需要有 50%的备用率的大型泵，可改两台较小的泵工作，一台备用(共三台)；

③ 对某些大型泵，可选用 70%流量要求的泵并联操作，不用备用泵，在一台泵检修时，另一台泵仍然能承担生产上 70%的输送；

④ 对需 24 小时连续不停运转的泵，应有备用泵。

【例 6-6】 某工厂供水系统由清水池往水塔充水，如图所示。清水池最高水位标高为 112.00，最低水位为 108.00，水塔地面标高为 115.00，最高水位标高为 140.00。水塔容积 40 m³，要求一小时内充满水，试选择水泵。已知吸水管路水头损失 $h_{w1}=1.0$ m，压水管路水头损失 h_{w2} 为 2.5 m。

解：选择水泵的参数值应按最大流量与最高扬程再分别加 10%~20%不可预计(如计算误差、漏耗等)的安全量，即：

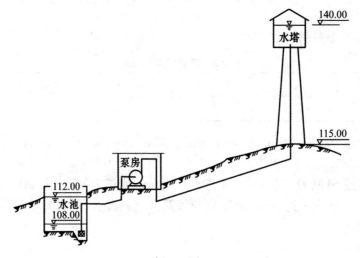

例 6-6 图 1

$$Q = 1.1Q_{max} = 1.1 \times 40 = 44(m^3/h)$$

$$H = 1.1H_{max} = 1.1 \times [(140-108) + h_{w1} + h_{w2}]$$

$$= 1.1 \times (32 + 1.0 + 2.5)$$

$$= 39.05(mH_2O)$$

考虑用 KDB80-50A 型水泵：流量 Q 为 44 m³/h，扬程 H 为 44 mH₂O，适合本工况要求。从性能曲线上看，该泵的效率 $\eta = 0.65$，泵的允许气蚀余量 $[\Delta h]$ 为 2.8 m，转速为 2 960 r/min。由表 6-2 查电动机安全系数 $K = 1.15$，所需配电机功率为：

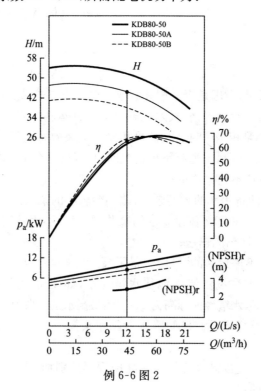

例 6-6 图 2

$$N_{\mathrm{m}} = 1.15 \times 9.807 \times 44 \times 44/(3\,600 \times 1 \times 0.65) = 9.33(\mathrm{kW})$$

配电机功率 11 kW。

验算允许吸上几何安装高度：

$$[H_{\mathrm{g}}] = 10.33 - \frac{24}{9.8} - 1 - 2.8 = 6.29(\mathrm{m})$$

该泵房水泵中心标高为 113 m，吸水高度为：

113−108＝5(m)＜$[H_{\mathrm{g}}]$，故可正常运行。

【**例 6-7**】　某空气调节系统需要从冷水箱向空气处理室供水，最低水温为 10℃，要求供水量 37.8 m³/h，几何扬水高度 50 m（水池至空气处理室喷水管顶部高差），处理室喷嘴前应保证有 20 m 的压强水头。供水管路布置后经计算管路水头损失达到 7.1 mH₂O。为了使系统能随时启动，故将水泵安装位置设在冷水箱之下。试选择水泵。

解：根据已知条件，输送流体是低温清水，且泵的位置较低，不必考虑气蚀问题。选泵时所依据的参数计算如下：

$$Q = 1.1 Q_{\max} = 1.1 \times 37.8 = 41.58(\mathrm{m^3/h})$$
$$H = 1.1 H_{\max} = 1.1 \times [50 + 20 + 7.1] = 84.81(\mathrm{mH_2O})$$

FLG65-315(Ⅰ)C 型泵性能表

流量/(m³/h)	扬程/mH₂O	效率/%	转速/(r/min)	电机功率/kW	允许气蚀余量/mH₂O
41	85	51	2 900	22	3.0

考虑用 FLG65-315(Ⅰ)C 型水泵，其转速为 2 900 r/min，效率为 51%，于是轴功率 N：

$$N = \frac{\gamma QH}{\eta} = \frac{9.8 \times 41.58 \times 84.81}{3\,600 \times 0.51} = 18.8(\mathrm{kW})$$

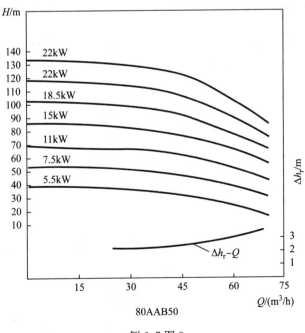

80AAB50

例 6-7 图 3

配电机功率为 22 kW，考虑泵在此点效率太低，如改选 80AAB50 型轴冷高效变频泵时，从其性能曲线可以查出，其轴功率 $N=15$ kW。

思考题与习题

（1）如何绘制管路特性曲线？

（2）什么是泵与风机的运行工况点？

（3）试述泵与风机的串联工作和并联工作的特点？

（4）泵与风机并联工作的目的是什么？并联后流量和扬程（或全压）如何变化？并联后为什么扬程会有所增加？

（5）泵与风机串联工作的目的是什么？串联后流量和扬程（或全压）如何变化？串联后为什么流量会有所增加？

（6）为什么说单凭泵或风机最高效率值来衡量其运行经济性高低是不恰当的？

（7）泵与风机运行时有哪几种调节方式？其原理是什么？各有何优缺点？

（8）已知某离心泵在转速为 $n=1450$ r/min 时的参数见下表。此泵安装在静扬程 $H_{sj}=6$ m 的管路系统中，已知管路的综合阻力系数 $S=0.00185$ h²/m⁵，试用图解法求运行工况点的参数。如果流量降低 20%，试确定这时的水泵转速应为多少。设综合阻力系数不变。

$Q/(m^3/h)$	0	7.2	14.4	21.6	28.8	36	43.2	50.4
H/m	11.0	10.8	10.5	10.0	9.2	8.4	7.4	6.0
$\eta/\%$	0	15	30	45	60	65	55	30

（9）已知下列数据，试求泵所需的扬程：水泵轴线标高 130 m，吸水面标高 126 m，上水池液面标高 170 m，吸入管段阻力 0.81 m，压出管段阻力 1.91 m。

（10）如图所示的泵装置从低水箱抽送容重 $\gamma=980$ kgf/m³ 的液体，已知条件如下：$x=0.1$ m，$y=0.35$ m，$z=0.1$ m，M_1 的读数为 124 kPa，M_2 的读数为 1 024 kPa，$Q=0.025$ m³/s，$\eta=0.80$，试求此泵所需的轴功率。

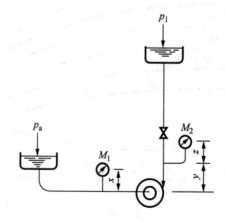

第7章 其他常用泵与风机

7.1 往复式泵

往复式泵是最早发明的提升液体的机械。目前由于离心式泵具有显著优点,往复式泵的应用范围已逐渐缩小。但由于往复式泵在压头剧烈变化时仍能维持几乎不变的流量的特点,故往复式泵仍有所应用。它还特别适用于小流量、高扬程的情况下输送粘性较大的液体,例如机械装置中的润滑设备和水压机等处。在小型锅炉房和采暖锅炉房中,常装设利用锅炉饱和蒸气活塞泵作为锅炉补给水泵。

图 7-1 是单缸双作用往复泵的结构简图。它主要由活塞、泵缸、吸入阀和排出阀等部件组成。

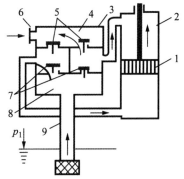

图 7-1 往复泵的结构简图
1-活塞;2-泵缸;3-阀箱;4-排出室;
5-排出阀;6-排出管;7-吸入阀;
8-吸入室;9-吸入管

活塞 1 将泵缸 2 分隔成上、下两空间,它们分别与阀箱 3 中对应的各自小室相通。每个小室的下部装有吸入阀 7,上部装有排出阀 5,并分别与公共的吸入室 8 和排出室 4 相通。活塞在缸内作上下往复运动,当活塞上行时,泵缸下部空间容积不断增加,与之相通的小室内的压力也随之降低并形成真空,吸入室中的气体将顶开相应的吸入阀进入泵缸。于是吸入室和吸入管 9 内压力也就降低,液体在吸入液面上的气压作用下,将沿吸入管上升。当活塞下行时,泵缸下部容积减小,压力增加,迫使吸入阀关闭,并克服排出室中的压力将相应的排出阀顶开,部分气体经排出管 6 排出。与此同时,因活塞上部的容积在增大,吸入室中的气体改由右边小室的吸入阀吸入泵缸上部,吸入管中液面继续上升。这样,活塞继续不断运动,吸入管中气体将不断被泵排往排出管,最后液体将进入泵缸,泵就开始正常排送液体。

往复泵在活塞每一往复行程吸排液体的次数,称为往复泵的作用数。上述往复泵每一往复行程活塞两侧各吸排一次液体,是双作用泵。如果只有单侧泵缸工作,那么每一往复行程吸排一次液体,是单作用泵。有三个单作用泵缸组成,且泵轴由三个相位彼此相差 120° 的曲柄或偏心轮带动,是三作用泵。有两个双作用泵缸组成,且泵轴由两个相位相差 90° 的曲柄或偏心轮带动,是双缸四作用泵。

7.1.1 往复泵的分类

按照结构特点,往复泵大致可以按以下几个方面分类:

(1) 按缸数分。有单缸泵、双缸泵、三缸泵、四缸泵等。

(2) 按直接与工作液体接触的工作机构分。有活塞式及柱塞式两种。

① 活塞泵。由带密封件的活塞与固定的金属缸套形成密封副。

② 柱塞泵。由金属柱塞与固定的密封组件形成密封副。

（3）按作用方式分。主要有单作用式和双作用式。

① 单作用式泵。活塞或柱塞在液缸中往复一次，该液缸作一次吸入和一次排出。

② 双作用式泵。液缸被活塞或柱塞为分两个工作室，无活塞杆的为前工作室或称前缸，有活塞杆的为后工作室或称后缸；每个工作室都有吸入阀和排出阀；活塞往复一次，液缸吸入和排出各两次。

（4）按液缸的布置方案及其相互位置分。有卧式泵、立式泵、V 形或星形泵等。

（5）按传动或驱动方式分。常见的有：

① 机械传动泵。如曲柄—连杆传动、凸轮传动、摇杆传动、钢丝绳传动往复泵及隔膜泵等。

② 蒸汽驱动往复泵。

③ 液压驱动往复泵等。

7.1.2 往复泵的流量

往复泵的理论流量等于单位时间内活塞的有效工作面在泵缸中所扫过的容积：

$$Q_T = 60KA_e Sn (\text{m}^3/\text{h}) \tag{7-1}$$

式中：K—泵的作用数；

A_e—活塞平均有效工作面积/m^2；

S—活塞行程/m；

n—泵的转速/(r/min)。

对于泵缸两侧空间都工作的往复泵，平均有效工作面积为

$$A_e = \frac{\pi}{4}\left(D^2 - \frac{1}{2}d^2\right)(\text{m}^2) \tag{7-2}$$

式中：D—泵缸直径/m；

d—活塞杆直径/m。一般 $d=(0.12\sim0.5)D$，低压泵取小值。

上述往复泵的理论流量未考虑漏泄和其他容积损失，而事实上，泵的实际流量 Q 总小于理论流量 Q_T，即 $Q=Q_T\eta_v$。原因是：

（1）活塞换向时，由于吸入阀和排出阀的关闭难免滞后，在开始吸入和排出时会有液体经排出阀和吸入阀流失。

（2）泵的阀门、活塞与泵缸间、活塞杆与填料涵间的不密封引起的漏泄损失。

（3）泵吸入的液体中可能含有气体。气体可能是在吸入过程中，因滤器堵塞、液体粘度太大等使泵的吸入口和泵缸内的压力太低，从液体中逸出的，也可能是液体本身汽化产生，另外还可能是外界空气从活塞杆的填料箱或吸入管接头处漏入。

一般输送常温清水的往复泵，$\eta_v=0.80\sim0.98$；输送热水的往复泵，$\eta_v=0.60\sim0.80$。实际上，由于泵的型式、大小和新旧程度的不同，η_v 会存在较大差异。高压小流量、高转速、制造精度低的泵，以及输送高温、高粘度或低粘度、高饱和蒸汽压或含固体颗粒的泵，η_v 较小。

上述讨论的往复泵流量实际上只是泵的平均流量，是个想象中的不变值，其实曲轴驱动的往复泵，在一个排出工作过程中，流量是瞬时变化的，因此我们引进一个瞬时流量的概念。假设活塞平均有效工作面积为 $A_e(\text{m}^2)$ 以瞬时速度 $v(\text{m/s})$ 排送液体，则瞬时流量就可表达为：

$$q = A_e v (\mathrm{m^3/s}) \tag{7-3}$$

电动往复泵是通过曲柄连杆机构将电动机的回转运动转换为活塞的往复运动,活塞速度是周期性地变化的,故其瞬时流量也将周期性地变化。一般曲柄长 r 与连杆长度 l 之比 $\lambda = r/l \leqslant 0.25$,如图 7-2 所示,活塞速度 v 可以近似地用曲柄销的线速度在活塞杆方向的分速度来代替,即:

$$v = r\omega \sin\beta \tag{7-4}$$

式中:r—曲柄长/mm;

　　　ω—曲柄角速度/$\mathrm{s^{-1}}$;

　　　β—曲柄相对泵缸中心线的夹角/(°)。

从上式可知,曲柄角速度 ω 可看作常数,故活塞速度是随曲柄转角 β 近似地按正弦曲线规律变化,因此单作用泵的瞬时流量也近似地按正弦曲线规律变化。当曲柄转角 β 为 0° 和 180° 时,活塞速度 v 为零,瞬时流量 q 也为零;当曲柄转角 β 由 0° 转至 90° 时,即活塞前半行程,活塞是加速运动,活塞速度 v 和瞬时流量 q 将由 0 增至最大;相反当 β 由 90° 转至 180° 时,活塞是减速运动,活塞速度 v 和瞬时流量 q 则由最大降为 0;而当 β 由 180° 至 360° 时,活塞为回行阶段,单作用泵处于吸入行程,没有液体排出,瞬时流量 q 始终为 0,可见曲柄转角 β 由 0° 转至 360° 时,单作用泵的瞬时流量是很不均匀的。

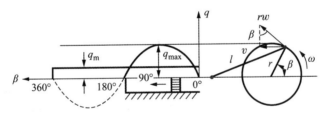

图 7-2　往复泵瞬时流量变化

多作用往复泵的瞬时流量可将各缸在同一时刻排出的瞬时流量叠加而得,如图 7-3 所示。三作用泵的流量曲线是由三个相位差 180° 的单作用泵流量曲线叠加而成,双缸四作用泵是由两组相位差 90° 的双作用泵流量曲线叠加而成。显然多作用往复泵瞬时流量的均匀程度要比单作用泵好,其中三作用泵瞬时流量的均匀程度比单、双、四作用泵都强。

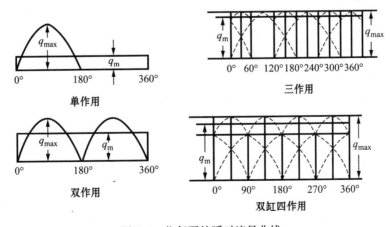

图 7-3　往复泵的瞬时流量曲线

往复式泵的吸入性能应当考虑流量实际上的非恒定性带来的附加损失。所以它的允许几何安装高度较离心式泵为低。

往复泵的实际流量由于液体的漏损和吸水阀与压水阀动作的滞后而有所减少，通常用容积效率 η_v 乘以理论流量的值。η_v 值大约在 $85\%\sim99\%$ 之间。

7.1.3　往复泵的性能曲线

图 7-4 表示了往复泵的流量 Q、功率 P、效率 η 与压头 H 之间的关系曲线。

理论上来说，往复泵的扬程与流量无关，这就是说，这种泵可以达到任意大的扬程，它的 Q_T-H_T 曲线是一条垂直于横坐标 Q 轴的直线（图 7-4 中的虚线）。实际上由于受泵的部件机械强度和原动机功率的限制，泵的扬程不可能无限增大。同时在较高的增压下，漏损会加大，以致实际 Q-H 曲线向左略有偏移。应当指出往复泵的流量是不均匀的，因为活塞在一个行程中的位移速度总是从零到最大再减少到零，然后重复，如此往复循环。图 7-4 中 Q-H 曲线是按平均流量绘制的。

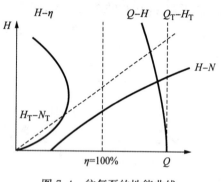

图 7-4　往复泵的性能曲线

往复泵以一定的往复次数工作时，理论流量为定值，理论轴功率 $N_T=\gamma Q_T H_T$，只 Q_T 与 N_T 有关，故 H_T-N_T 是一条通过原点的线。实际的 H-N 曲线因高压头下流量有所减少而稍微向下弯曲，如图 7-4 所示。注意该图 N 和 η 尺度都标注在横坐标轴上。

效率曲线一般随 H 值的增加而下降。此外当 H 很小时，由于有效功率很小而机械损失基本未变，以致效率下降很快。H-η 曲线也绘于图 7-4。

7.1.4　往复泵的特点

（1）自吸能力较强。泵的自吸能力，是指泵依靠自身能力抽出泵内及吸入管路中的空气而将液体吸上的能力。泵的自吸能力可用自吸高度和吸上时间来衡量。泵的自吸能力的好坏与泵的密封性能有重要关系。如果泵阀和活塞环密封不严密，就会使其自吸能力降低。一般在一定的密封条件下泵排送气体时在吸入口形成的吸入真空度越大，其自吸能力就越强。当往复泵因泵阀或泵缸密封不佳而自吸能力降低时，就应在起动前向缸内灌满液体，这样有利于提高泵的自吸能力，同时可避免活塞在泵缸内发生干摩擦而严重磨损。

（2）理论流量与工作压力（或排出压力）无关。往复泵的理论流量只与活塞直径、行程、作用次数和转速有关，与工作压头无关。因此往复泵不能用改变排出阀开度的方法来调节流量，而应采用变速或回流（旁通）调节法。极特殊的往复泵也有用改变柱塞的有效行程来调节流量。

（3）额定排出压力与泵的几何尺寸、转速和作用次数无关，主要取决于泵的原动机功率、轴承的承载能力、泵的强度和密封性能等。为了防止过载，往复泵必须开阀起动，严禁在排出截止阀没有开启时起动往复泵。并必须在排出阀的内侧装设安全阀。

（4）流量不均匀。往复泵吸入和排出液体的过程是不连续的，流量不均匀，吸、排管路中液流速度不稳定而产生惯性阻力损失，使吸入阻力增大而容易引起气蚀，并且使排出压力波动。为此，常采用多作用往复泵，或在泵排出、吸入端设空气室来改善。

（5）转速不宜太快。泵阀的工作性能限制了泵的转速不宜太快。提高往复泵转速虽然可以增加泵的流量,但会使活塞不等速运动的加速度和惯性力增加,使泵容易气蚀且排出压力波动加剧等有害的影响。泵的转速过高,泵阀迟滞造成的容积损失就会相对增加;泵阀撞击更为严重,引起的噪声增大,磨损也将加剧;此外,还会使泵阀阻力增加,若吸入阀阻力损失过大,甚至造成不能正常吸入液体。一般电动往复泵转速多在 $200\sim300$ r/min 以下,最高不超过 500 r/min,高压小流量泵最高不超过 $600\sim700$ r/min。因此,往复泵既定流量的尺寸和重量相对较大。

（6）不宜输送含固体杂质的液体。往复泵的活塞与泵缸以及阀与阀座之间都是精密配合面,如有杂质进入,容易磨损和泄漏,所以必要时应加装吸入滤器。

（7）结构比较复杂,活塞环、泵阀、填料等易损件较多。

因此,往复泵在流量相同时比其他泵显得笨重,造价较高,管理维护比较麻烦,目前在许多场合已被离心泵所取代。但在需要有较高的自吸能力场合（如舱底水泵、油船扫舱泵或锅炉给水泵等）,因工作中容易吸入气体,仍较多采用往复泵。

7.2　螺杆泵

螺杆泵是一种容积式旋转型水力机械。它是利用相互啮合的螺杆与衬套间容积的变化为流体增加能量的。螺杆泵常用于输送润滑油、密封油及油气混输等。

螺杆泵的种类繁多,按其螺杆数目的不同,可分为单螺杆、双螺杆、三螺杆和五螺杆等;按其螺杆螺距可分为长、中、短螺距三种;按其结构型式可分为卧式、立式、法兰式和侧挂式等。在油田所用的螺杆式油气混输泵中,以单螺杆泵和双螺杆泵为主。

7.2.1　螺杆泵的结构和工作原理

1）螺杆泵的结构形式

螺杆泵的主要组成部分是螺杆及与之相配套的衬套。本节主要讨论单螺杆泵。

在单螺杆泵中,有一个螺杆,而螺杆的头数有单头和多头之分。现在以单头单螺杆泵为例,来阐述螺杆泵的结构和密封原理。

螺杆的任一断面都是半径为 R 的圆,如图 7-5 所示。整个螺杆的形状可以看成是由很多半径为 R 的薄圆盘组成,不过这些圆盘的中心 O_1 分布在一条圆柱螺旋线上。该圆柱的半径为螺杆泵的偏心距离 e、螺旋线的螺距为 t。

衬套的断面形状是由两个半径为 R（等于螺杆断面的半径）的半圆和两个长度为 $4e$ 的直线段组成的长圆形,如图 7-6 所示。衬套的内表面就是由很多这样的断面所组成的导程为 T（$T=2t$）的双头内螺旋面。衬套的旋向与螺杆的旋向是相同的。

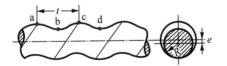

图 7-5　单螺杆泵的螺杆

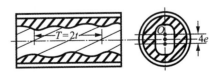

图 7-6　单螺杆泵的衬套

2）螺杆泵的工作原理

将螺杆置于衬套内,则在每一个横截面上,螺杆断面与衬套断面都有相互接触的点。在不同的横截面上,接触点是不同的。当螺杆断面位于衬套长圆形断面的两端时,螺杆和衬套的接触为半圆弧线,而在其他位置时,螺杆和衬套仅有 a、b 两点接触,如图 7-7 所示。这些接触点在螺杆—衬套副的有效长度范围内构成了空间密封线,在衬套的一个导程 T 内形成一个完整的密封腔。这样,沿螺杆泵的全长,在螺杆的外螺旋表面和衬套的内螺旋表面间形成了一个一个的密封腔室。当螺杆转动时,螺杆—衬套副中靠近吸入端的第一个腔室的容积增加,在压力差的作用下,混合液便进入第一个腔室。之后该腔室形成封闭,以螺旋方式向排出端移动,并最终在排出端消失。同时在吸入端又形成新的密封腔。

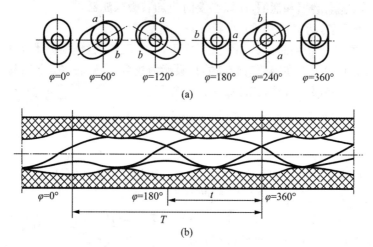

(a)

(b)

图 7-7　螺杆-衬套副的密封线与密封腔室

　　由于密封腔室的不断形成、推移和消失,使混合液通过一个一个密封腔室,从吸入端推挤到排出端,压力不断升高。由于密封腔室的推移速度是恒定的,理论上螺杆泵的流量是非常均匀的,不存在流量波动。

　　由于螺杆泵的衬套由橡胶制成,螺杆与衬套间的相对运动为滚动加滑动,为高粘、高含砂、高含气原油的输送创造了有利的条件,加之螺杆泵的运动件少,过流面积大,油流扰动小,使其能在高粘原油中高效工作。

　　3) 旋向、转向、流向关系

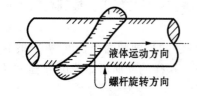

图 7-8　螺杆旋向、转向与液流方向的关系

即螺杆的螺旋旋向(左旋或右旋)、螺杆的转向(顺时针或逆时针)和混合液的流向三者之间的关系。如图 7-8 所示,螺杆为左旋,假设观察者位于螺杆的一端,如螺杆作顺时针转动,则混合液流背向观察者;如螺杆作逆时针方向转动,则混合液流向观察者。将螺杆改为右旋,如螺杆作顺时针方向转动,则混合液流向观察者;如螺杆作逆时针方向转动,则混合液流背向观察者。

　　由此可见,旋向、转向和流向三个因素中,给定任意两个因素,可确定第三个因素。

7.2.2　单螺杆泵的流量及基本尺寸

　　1) 单螺杆泵的流量

　　单螺杆泵的实际流量由下式计算:

$$Q = 4eDTn\,\eta_{\mathrm{V}}/60 \tag{7-5}$$

式中：e—螺杆的偏心距，在现有结构的单螺杆泵中，偏心距的变化范围为 $1\sim8\,\mathrm{mm}$；

　　　D—螺杆断面的直径，$D=2R$；

　　　T—衬套的导程；

　　　n—螺杆的转速；

　　　η_{V}—单螺杆泵的容积效率。初步计算时，对于具有过盈值的螺杆-衬套副，取 $\eta_{\mathrm{V}}=0.80\sim$
0.85；对于具有间隙值的螺杆-衬套副，取 $\eta_{\mathrm{V}}=0.7$。

2）螺杆泵的基本尺寸

$$D = \sqrt[3]{\dfrac{15mQ}{k^2 n \eta_{\mathrm{V}}}} \tag{7-6}$$

$$T = \sqrt[3]{\dfrac{15mQ}{\pi \eta_{\mathrm{V}}}} \tag{7-7}$$

$$e = \sqrt[3]{\dfrac{15kQ}{m^2 n \eta_{\mathrm{V}}}} \tag{7-8}$$

为保证单螺杆泵给出一定的流量 Q，首先应确定 e、D、T 三个参数值。对于采油用的小流量、高压头单螺杆泵，一般取，$k=2\sim2.5$，$m=28\sim32$。因此，一般将螺杆断面直径 D 作为计算的基础，因为它受到油井直径的限制。确定螺杆断面直径 D 后，再计算螺杆的偏心距 e 和衬套的导程 T。

根据泵流量 Q 的要求确定出 e、D、T 三个参数后，再按照泵压头 H 和衬套单个导程的压力增加值 Δp 的要求确定螺杆-衬套副的长度或衬套工作部分的长度 L。

$$\Delta p \cdot \dfrac{L}{T} = \rho g H \tag{7-9}$$

Δp 的正确选择直接影响螺杆-衬套副的效率和寿命，一般可取 $\Delta p=0.5\,\mathrm{MPa}$ 左右。

衬套的橡胶材料必须根据抽汲混合液的性质和泵工作条件来选取，如抽取油类、弱酸和碱等介质，可用丁腈橡胶作衬套材料；而要求在高耐磨、高强度和耐油、耐苯条件下工作，则可选取聚氨酯橡胶作衬套材料。

为了保证单螺杆泵的有效工作，螺杆与衬套间必须具有足够的密封性。一般采取两种措施，一是使螺杆的一个或几个断面尺寸大于衬套断面的相应部分，即具有初始过盈值，这种情况下衬套单个导程的压力增加值较高，但螺杆与衬套间的摩擦力较大，机械效率较低；二是在螺杆与衬套间保持一定的间隙值，适当增加螺杆-衬套副的有效长度，可保持较高的机械效率值。后一种措施在地面驱动单螺杆泵中得到成功的应用。

7.2.3　单螺杆泵的运动学问题

1）螺杆的自转和公转

衬套的中心 O 为圆心，以两倍的偏心距 e 为半径作圆，称为衬套的定中心圆。再以螺杆的轴线 O_2 为圆心，以螺杆的断面中心 O_1 到 O_2 的距离为半径作圆，称为螺杆的动中心圆。螺杆在衬套中的运动就是由后者螺杆的动中心圆在前者衬套的定中心圆中作纯滚动所形成的，如图 7-9 所示。

当螺杆的动中心圆作逆时针转动时为其自转，动中心圆的圆心 O_2 绕衬套的定中心圆作顺时针方向的圆周运动则为其公转。所以,螺杆的自转和公转方向相反。

2) 螺杆在衬套中的运动特点

螺杆在衬套中的运动特点,可以总结为两点:

① 在螺杆-衬套副的任意断面上,螺杆断面中心位于衬套断面的长轴上;

② 随着螺杆的转动,该断面上的螺杆断面中心沿衬套断面的长轴方向作直线往复运动。

螺杆的断面为圆形,而衬套的断面为长圆形,圆断面在长圆形断面内进行自转和公转,这是由于传动轴和万向联轴器限制了螺杆的轴向位移,因此螺杆在衬套内的运动只能是一个平面运动,即螺杆的圆形断面在衬套的长圆形断面中的运动。

图 7-10(a)给出 $Z=O$ 平面上的衬套断面(Z 轴为螺杆-衬套副的长度方向)。将螺杆装进衬套后,螺杆轴线 O_2Z 与衬套中心线 OZ 之间的距离为 e,在该断面上螺杆的断面中心位于 O_1。图中同时给出了螺杆的动中心圆和衬套的定中心圆。图 7-10(b)给出同一个螺杆-衬套副的任意断面 Z。在该断面上衬套的长圆形断面形状不变,只是长轴 OM 相对 $Z=0$ 断面转过了一个角度 $\varphi=2\pi Z/T$。此时螺杆的轴线 O_2Z 和动中心圆不变,但螺杆的断面中心不再位于 O_1 点,而是位于 O_1' 点,O_2O_1' 与 O_2O_1 之间的夹角为 $\varphi_1=\dfrac{2\pi Z}{t}=\dfrac{2\pi Z}{T/2}=2\varphi$。也就是从 $Z=O$ 断面到 Z 断面,螺杆曲面的螺旋转角 φ_1 等于衬套曲面螺旋转角 φ 的两倍。

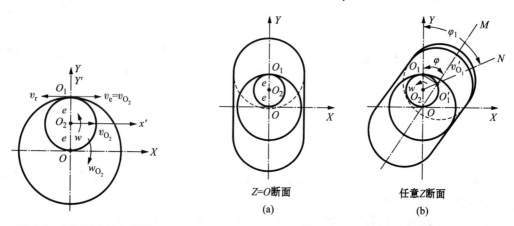

图 7-9　螺杆的自转与公转　　　　　　图 7-10　螺杆在衬套中的运动

7.2.4　单螺杆泵的特性曲线

在图 7-11 中,单螺杆泵压头-流量的理论特性曲线 Q_T-H 为一条平行于横坐标 H 的水平线,Q_T 为常数,不随压头 H 的变化而改变。而实际上,随着压头 H 的增加,通过螺杆-衬套副密封线从泵排出端到吸入端的液体漏失量 q 也增加,实际流量 Q 是理论流量 Q_T 和漏失量 q 的差值。随着压头 H 的增加,流量 Q 是逐渐下降的。单螺杆泵综合了往复泵和离心泵的优点,其压头-流量特性曲线介于往复泵和离心泵之间,如图 7-12 所示。

螺杆泵输送气液混合物时的特性曲线与输送纯液体时的特性曲线是不同的,它将随吸入状态下的气液容积比 K 的不同而不同。

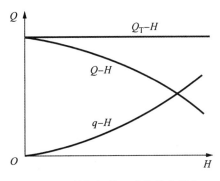

图 7-11 单螺杆的理论特性曲线和
实际特性曲线

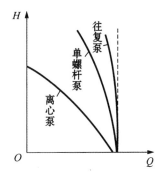

图 7-12 单螺杆泵、离心泵、
往复泵特性曲线

7.2.5 常见单螺杆泵基本结构及性能

单螺轩泵是一种内啮合的密封式螺轩泵。普通的单螺轩泵,其转子为圆形断面的螺杆,定子为具有双头的内螺纹,转子的螺距为内螺纹螺距的一半,转子一面作行星运动,一面沿着螺纹将液体向前推进,从而产生抽送液体的作用。

单螺杆泵具有下列特点:

(1) 能够连续均匀地输送,无脉冲现象;

(2) 易损零件少,且零件容易更换;

(3) 排出能力强,自吸性能好,吸入可靠;

(4) 对高粘度流体排出可靠,并且适用于含固体颗粒的浆料;

(5) 吸入管和排出管调换一下,可以反向运转;

(6) 对于高温度液体,需要采用金属衬套。

螺杆和衬套的材料,螺杆可以用各种钢材制造,只有在特殊条件下才用塑料、玻璃或铸石制成。因为螺杆精度要求相当高(螺距、直径和偏心距的偏差不大于 0.05 mm),所以螺杆制造时至少要在切削机床上精磨。为了提高摩擦副中螺杆表面的耐磨性,螺杆可放在电解槽中镀铬,此时镀铬层厚度,推荐在 0.01～0.03 mm 范围内,然而在工作螺杆上其值应在 0.06～0.08 mm。

衬套材料通常采用各种橡胶,采用塑料或橡胶的衬套表面在压铸或压制过程中,在压模中放入型芯和钢管(衬套外壳),钢管内表面有细螺纹,用来增加橡胶固定的表面积。图 7-13 为单螺杆泵结构图。

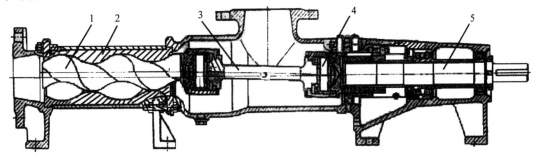

图 7-13 单螺杆泵结构图
1-转子;2-定子;3-连接杆;4-铰接接头;5-传动轴

7.3　水环真空泵

水环泵是一种既能抽气又能抽水的泵,但在实际应用中主要用于抽气。在船上多用作真空泵或离心泵的引水泵。

7.3.1　水环泵的基本结构和工作原理

水环泵有单作用式和双作用式。图 7-14 为一台单作用水环泵。主要由叶轮、侧盖和泵体组成。叶轮必须偏心安装,其上装有叶片,叶片有径向叶片和前弯叶片。侧盖上又开设有较大的吸入口和较小的排出口。

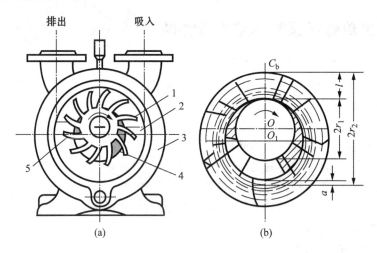

图 7-14　单作用水环泵及其工作原理
1-叶轮;2-侧盖;3-泵体;4-吸入口;5-排出口

工作前泵内必须充以一定数量的工作水。当叶轮旋转时,液体被带动而均匀分布构成水环,水环内表面与叶轮轮毂表面及两侧盖端面之间形成一个月牙形的工作空间。该空间被叶片分隔成若干个互不相通的腔室。显然,这些腔室的容积随着叶轮的回转在不断地改变。其工作过程可分为三个阶段:

(1) 吸入过程——当叶间转过图中的右半转时,由于叶片外端与偏心的泵壳间的距离增加,叶间的液体就会被甩出,使叶间腔室的容积逐渐增大,气体便通过侧面的吸入口被吸入。

(2) 压缩过程——当叶间转过吸入口开始进入图示左半转时,由于泵壳与叶片外端的距离逐渐缩小,叶轮外高速流动的液流便会挤入叶间。当叶间尚未与排出口相通时,其中的气体便受到压缩。

(3) 排出过程——当叶间转到与排出口相通时,叶间腔室中的压力即会在瞬间与排出压力相平衡,并在叶轮随后的转动过程中,由于叶外的液体不断挤入叶间,将气体排出。

可见,水环泵的工作原理与叶片泵有非常相似之处,即都是靠工作腔室的容积变化来产生吸排,但两者却有着重要的差别。水环泵中的定子是由一个旋转水环构成的,而这个水环是由叶轮给予工作水的动能所形成的。水环中的液体在图示的右半转中是靠叶轮带动其回转而获得了一定的能量,并被甩到叶外的流道中;而在其进入左半转后,也就只能凭借其已获得的动能挤入叶间,压缩气体。这样,叶轮外的液体流速必然会随着压力的增加而降低。当排出压力升高到一定的数值时,叶轮外液体的速度也就会降到很低,从而不能进入叶间去压缩气体。也就是说,水环泵中的气体在压缩阶段压力能的增加,完全是靠工作水获自叶轮的动能转换而来的。因此,水环泵提高所输送介质压力的能力有一定的限度。

水环泵也有双作用式,以增加流量,并使作用在叶轮上的轴向力得以平衡。

7.3.2　水环泵的性能特点和管理要点

1) 水环泵的性能特点

(1) 理论流量主要取决于叶轮的尺寸和转速。水环泵的容积效率一般为 $0.65 \sim 0.82$,压缩比小、尺寸大的泵容积效率取较大值。水环泵的最大流量约为 $300\,m^3/min$。

(2) 所能达到的压力比(排出与吸入绝对压力之比)取决于叶轮的结构尺寸和转速。水环泵的压力比 x 通常都是逐渐增大的。当 $x \leqslant x_{cr}$(临界压力比)时,理论流量不变,随着 x 的增加,实际流量会因漏泄的增加而相应降低;当 $x > x_{cr}$ 后,则流量就会迅速减小,而当 $x = x_{max}$(极限压力比)时,流量即降为零。故水环泵即使在关闭排出阀的条件下工作,其排出压力也不会无限地升高,因而无须设安全阀。

当工作水温为 15℃时,单级水环真空泵可达到的最大抽空能力是将绝对压力降到 $4\,kPa$($30\,mmHg$)。

(3) 效率较低。这不仅是因为水环泵容积效率不高,更主要的是由于水力效率较低。在排送气体时水环泵的总效率一般为 $30\% \sim 50\%$,最高不超过 55%。如用以排送液体则效率更低,不超过 20%,故一般都不用来排送液体。

(4) 水环真空泵的流量和所能造成的真空度将随工作水温的增加而减小。因为水温越高,则水的饱和蒸汽压力越高,工作水的汽化速度也就增加,从而使抽气流量和可达到的真空度减小;反之,当工作水温较低时,由于吸气中的部分水蒸气可能液化,因而能使实际流量和可达到的真空度增加。

水环泵结构简单,没有吸、排阀,容易维护;工作平稳,噪声小;没有相互直接摩擦的零件,工作过程接近于等温压缩。因此它适用于输送易燃、易爆、有毒或温度升高时容易分解的气体,水环泵输送的气体不受滑油污染。

2) 水环泵的管理要点

(1) 水环泵叶轮和侧盖之间的轴向间隙对容积效率影响甚大,一般轴向间隙应保持在 $0.1 \sim 0.25\,mm$ 之间,必要时可改变垫片厚度予以调整。

(2) 水环泵的径向间隙很大,主要靠水环密封,所以泵在使用前,必须灌入适量的水。

(3) 水环泵中,水环的作用除起到传递能量外,还起着密封工作腔室和吸收气体压缩热的作用。气体压缩热和工作水的水力损失转换成的热量会使部分工作水在工作过程中气化,而且工作水通过轴封和排气也会流失。为此,在泵的出口常设有气液分离器,并需连续地向泵内补水,补水量应大于正常的损失水量,以使部分工作水能随气体的不断排出而得以更换,从而限制泵的温升。

(4) 水环泵不允许长时间封闭运转,以防工作水过热。

7.4 旋涡泵

7.4.1 旋涡泵工作原理

旋涡泵依靠叶轮旋转使液体产生旋涡运动,进行吸入和排出液体。图7-15是旋涡泵的工作原理图,旋涡泵主要由叶轮6、泵体5、泵盖4等组成。在泵体和泵盖的侧面和外边缘组成一个与叶轮同心的等截面的环形流道,流道一端与吸入口3相连,另一端与排出口1相连,吸入口3和排出口1之间有隔舌2,隔开吸入口3和排出口1。

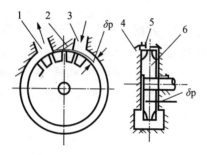

图7-15 旋涡泵的工作原理
1-排出口;2-隔舌;3-吸入口;
4-泵盖;5-泵体;6-叶轮

叶轮高速旋转时,泵内流道中的液体亦随之旋转。由于叶轮中液体的圆周速度大于流道中液体的圆周速度,因此叶片间液体的离心力也大于流道中液体的离心力。液体就会从叶间甩出进入流道,同时,在叶片根部产生局部低压,迫使流道中的液体产生向心流动,从叶片根部进入叶间。泵内这种环行旋涡运动,称为纵向旋涡。在纵向旋涡的作用下,液体从吸入至排出的整个过程中,会多次进出叶轮。液体每流入叶轮一次,就获得一次能量。每次从叶轮流至流道时,由于流速不同,叶间流出液体质点就会与流道中的液体发生撞击,产生动量交换,使流道中的液体能量增加。旋涡泵主要依靠纵向旋涡的作用来传递能量。

液体质点在泵中的运动轨迹就是圆周运动和纵向旋涡迭加形成的复合运动。对固定的泵壳而言,质点的运动轨迹是前进的螺旋线,而相对转动的叶轮则是后退的螺旋线(如图7-16所示)。

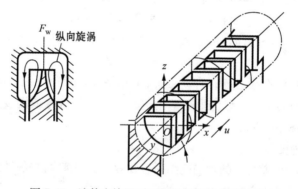

图7-16 液体在旋涡泵(流道展开图)中的运动

7.4.2 旋涡泵结构与分类

1) 闭式旋涡泵

闭式旋涡泵采用闭式叶轮、开式流道结构。闭式叶轮是指叶片部分设有中间隔板,叶片比较短小的一种叶轮。泵的吸、排口除在隔舌部分隔开外,通过流道相通,这种与吸、排口直接相通的流道称之为开式流道。闭式旋涡泵必须配开式流道。

闭式旋涡泵的叶片和流道形式较多。一般矩形截面流道流量较大,但扬程和效率较低。

而半圆形截面流道,扬程和效率较高,但流量较小。因此中、低比转数旋涡泵多采用半圆形截面流道,而中、高比转数旋涡泵多采用矩形截面流道。叶片形状应用最广的是径向直叶片,在低比转数旋涡泵中也有采用后弯角叶片。

在闭式旋涡泵中,液流是从圆周速度较大的叶轮外缘进入泵内的,因此气蚀性能较差,必须气蚀余量大。而且由于闭式旋涡泵的排出口位于流道外缘,聚集在叶片根部的气体不易排出。因此,如无专门措施,闭式旋涡泵无自吸能力,也不能抽送气液混合物。闭式旋涡泵的效率要高于开式旋涡泵,可达到 $35\%\sim45\%$。

2）开式旋涡泵

开式旋涡泵采用开式叶轮,闭式流道结构。开式叶轮是指叶片不带中间隔板,叶片比较长的一种叶轮。闭式流道是指吸、排口不能直接相通的流道。开式旋涡泵的吸、排口一般开在泵侧盖靠叶片根部处,这样一方面气体容易排出,有利于提高泵的自吸和抽送气液混合物的能力;另一方面,入口处的圆周速度相对较小,因此抗气蚀性能也要比闭式旋涡泵好。但开式旋涡泵的效率低,如采用效率最差的闭式流道时,效率仅为 $20\%\sim27\%$,即使采用水力损失较小的向心开式流道后,效率也只能提高到 $27\%\sim35\%$。

3）离心旋涡泵

与离心泵相比,旋涡泵扬程较高,较容易实现自吸,但气蚀性能差,而离心泵扬程低,但气蚀性能相对较好。离心旋涡泵就是将这两种泵结合在一起,即第一级为离心叶轮,以减小泵的必需气蚀余量;第二级为旋涡叶轮,提高泵的扬程。这样不但气蚀性能好,而且泵的扬程也较高。

图 7-17 为 CWZ 型船用离心旋涡泵结构图,它实际就是一个离心泵和一个闭式旋涡泵的串联结构。第一级为离心级,第二级为旋涡级,两个叶轮装在同一根轴上。并用内隔板互相隔开,内隔板与外隔板构成旋涡泵流道;内隔板与泵盖组成离心泵的涡壳。为提高泵的自吸能力,吸入管和排出管位置均高于泵体并互成 $90°$,在旋涡级出口处,泵体做得较大,起气水分离室的作用。

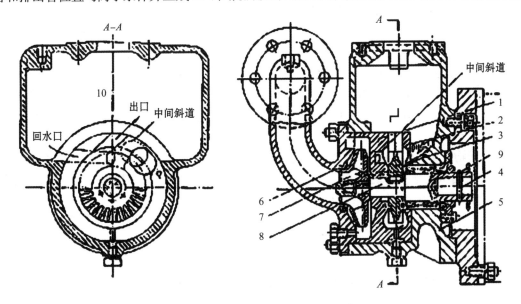

图 7-17　CWZ 离心旋涡泵

1-气水分离室;2-内隔板;3-外隔板;4-旋涡泵叶轮;5-挡圈;6-横销;7-泵体;8-垫片;9-泵轴;10-离心泵叶轮

7.4.3 旋涡泵的工作特性

旋涡泵的特性曲线如图 7-18 所示。从特性曲线的变化关系,可得旋涡泵有如下性能特点:

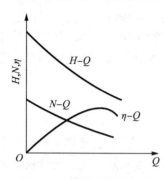

图 7-18 旋涡泵特性曲线

(1) H-Q 曲线下降较陡。旋涡泵扬程大小与纵向旋涡的强弱有很大关系。流量越大,液体在流道中的圆周速度也越大,叶间液体与流道中液体的离心力之差就越小,纵向旋涡就越弱,扬程也就越小。从理论上讲,当流道中流体的圆周速度 c 等于叶轮在流道截面重心处的圆周速度 u 时,泵的扬程降为零。由于旋涡泵具有较陡的 H-Q 曲线,扬程变化对泵的流量影响小,因此对系统中压力波动不敏感,较适合用作锅炉给水泵等压力波动较大的场合。

(2) 扬程较高。由于液体在沿整个流道前进时能多次进入叶片间获得能量,如同多级离心泵一样。因此,在相同的叶轮直径和转速下,旋涡泵的扬程比离心泵高。

(3) 效率较低。由于液体多次进出叶轮,撞击损失很大,水力效率很低。在设计工况时闭式旋涡泵效率为 35%～45%,开式旋涡泵仅为 20%～35%。

(4) N-Q 曲线为陡降形。与离心泵不同,旋涡泵在零排量时功率最大。因此为减小起动功率,旋涡泵须在出口阀开启的情况下起动。流量调节不宜采用改变排出阀门开度的节流调节法,而应采用旁通调节。但应注意的是,旁通调节时,虽可使管路的流量减小,但泵的排量却反而增加,因而会使泵的气蚀性能降低。

(5) 具有自吸能力。开式旋涡泵有自吸能力,闭式旋涡泵只要在出口处设汽液分离设备也可实现自吸。但初次起动前须灌满液体。开式旋涡泵能排送汽液混合物,适于抽送含气体的易挥发液体和饱和压力很高的高温液体。

(6) 气蚀性能差。旋涡泵因液体进入叶片时冲角较大,叶流紊乱,速度分布极不均匀,因此气蚀性能差,允许吸上真空度一般不超过 $4～5\,\mathrm{mH_2O}$。闭式旋涡泵的气蚀性能更差。

(7) 不宜运送带固体颗粒和粘度太大的液体。旋涡泵的轴向间隙一般只有 $0.1～0.5\,\mathrm{mm}$,闭式旋涡泵的吸入口和排出口间的径向间隙只有 $0.15～0.30\,\mathrm{mm}$。若液体中含有固体颗粒,因磨损将导致间隙增大,容积效率下降,一般旋涡泵输送液体的粘度应在 $37\,\mathrm{mm^2/s}$ 以内,最高不大于 $114\,\mathrm{mm^2/s}$。

(8) 结构简单,体积小,保养方便。用作耐腐蚀泵时,叶轮、泵体可用不锈钢铸造,亦可用塑料或尼龙模压成型。根据以上特点,旋涡泵在船上常用于小流量、高扬程、需要自吸的场合,如锅炉给水泵、压力水柜给水泵、卫生水泵等。

7.5 喷射泵

喷射泵是靠高能量的工作流体引射其他流体以达到吸、排流体目的的一种泵。它主要由喷嘴、吸入室、混合室和扩压室组成。

喷射泵常用的工作流体是水和气;被引射流体可以是水也可以是气。根据工作流体和被引射流体的不同组合,喷射泵可分为水射水泵、水射气泵、气射水泵和气射气泵等。船用喷射泵通常以水作为工作流体,如舱底水泵(水射水泵)、海水淡化装置抽真空泵(水射气泵)等。本节主要介绍工作流体和被引射流体均为水的水射水泵。

喷射泵的工作大致可分为喷射、引射混合和扩压三个过程,各个过程中流体的压力和速度变化如图 7-19 所示。

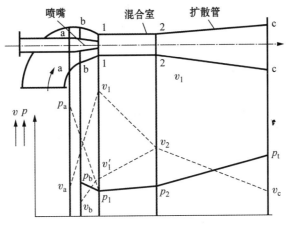

图 7-19 喷射泵的工作原理图

1) 喷射过程

喷嘴是由渐缩的圆锥形或流线形管加出口处一小段圆柱形管道所构成。在渐缩形的喷嘴中,工作流体流速由 v_a 急增至 v_1,压力由 p_a 降到喷嘴出口处的 p_1。将压力能转化为动能,并在喷嘴出口周围形成低压区。

2) 引射混合过程

由于喷嘴出口周围形成低压区,被引射流体在压差作用下被吸入,与高速工作流体一起进入混合室。在混合室中两种不同速度的流体互相碰撞、混合,进行动量交换。在这一过程中工作流体的速度由 v_1 降至 v_2;而被引射流体的速度逐渐增大,由 v_1' 增大到 v_2。最后在混合室出口处形成一混合流体,达到速度上的一致。在混合过程中,速度相差很大的工作流体和被引射流体在混合过程中由于动量交换而引起的能量损失称为混合损失,它是喷射泵的主要能量损失,是导致喷射泵效率低的主要原因。喷嘴与混合室之间的同心度对水力效率的影响较大。

混合室又称喉管,通常做成圆柱形或圆锥形与圆柱形的组合。混合室圆柱段截面积与喷嘴出口截面积之比称为喷射泵的面积比,用 m 表示。喷射泵的面积比对泵的性能影响很大,一般面积比 m 大约在 $0.5 \sim 25$ 之间。m 在 $3 \sim 5$ 时,喷射泵的效率较高。

另一对泵的性能影响很大的参数是喉嘴距。喷嘴出口至混合室进口截面的距离称为喉嘴距,常用 l_c 表示。喉嘴距太大则引射流量太多,混合室靠外周部分会出现倒流;喉嘴距太小则引射流量不足,能量损失增大。最佳喉嘴距可按 $0.5\sqrt{m}$ 选取。

混合室长度通常为喉部直径的 $6 \sim 10$ 倍。过短会使出口速度不均匀,使扩压室中的水力损失增大;过长不仅没有必要,还会使混合室中的摩擦损失加大。

3) 扩压过程

流体从混合室出来进入扩压室,扩压室是一段渐扩的锥形管,在扩压室中流体速度逐渐由 v_2 降低至 v_c,将流体的速度能转化为压力能。扩压室的扩张角为 $8° \sim 10°$ 时,扩压过程的能量损失最小。

工作流体可以是水、油、水蒸气、空气、烟道气、空气和水蒸气的混合物。气体喷射泵的喷管为拉乏尔喷管,液体喷射泵的喷管为收缩喷管。船上常以水或气作为工作流体,水或气体作为被引射流体。水喷射泵作为舱底泵具有独特优点:

(1) 船身较长时,可由多个水喷射泵组成一个系统;

(2) 当舱底水较浅、较深或船舶摇摆时,即使吸入管内进入空气,泵仍然能正常工作;

(3) 即使舱底水十分污浊,甚至有硬质颗粒,也不会影响泵的正常工作。

7.6 贯流式风机

贯流式风机也称横流式风机,是莫蒂尔于 1892 年创立的一种特殊的风机。贯流式风机有一个圆筒形多叶叶轮转子,转子上的叶片互相平行且按一定的倾角沿转子圆周均匀排列,呈前向叶型,转子两端面是封闭的。气流沿径向从转子一侧的叶栅进入叶轮,然后穿过叶轮转子内部,从转子另一侧叶栅沿径向排出,使气流两次横穿叶片。贯流式风机叶轮内的速度场是非稳定的,流动情况较为复杂,如图 7-20 所示。

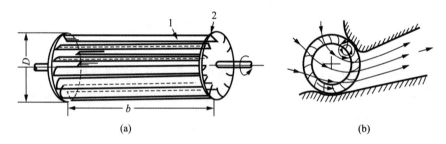

图 7-20 贯流式风机示意图

(a) 贯流式风机叶轮机构示意图 (b) 贯流式风机中的气流

1-叶片;2-封闭端面

贯流式风机的叶轮宽度 b 可以不做限制,按其实际需要确定。显然,当叶轮宽度增大时,流量也随之增大。宽度愈大,制造的技术要求也愈高。

贯流式风机的主要特点如下:

(1) 叶轮一般是多叶式前向叶型,但两个端面是封闭的。

(2) 叶轮的宽度 b 没有限制,当宽度加大时,流量也增加。

(3) 贯流式风机不像离心式风机是在机壳侧板上开口使气流轴向进入风机,而是将机壳部分地敞开使气流直接进入风机。气流横穿叶片两次。某些贯流式风机在叶轮内缘加设不动的导流叶片,以改善气流状态。

(4) 在性能上,贯流式风机的全压系数较大,$\overline{Q}$-$\overline{H}$ 曲线是驼峰型的,效率较低,一般约为 30%～50%。图 7-21 是这种风机的无因次性能曲线。$\overline{p}=\dfrac{p}{\frac{1}{2}\rho u^2}$;$\overline{\varphi}=\dfrac{Q}{bD_2 u}$;$\overline{N}=\dfrac{\overline{p}\cdot\overline{\varphi}}{\eta}$;$\overline{p_j}=$

$\dfrac{p_j}{\frac{1}{2}\rho u^2}$;其中流量系数因叶轮宽度没有限制而加入了宽度 b 的因素,即 $\overline{\varphi}=\dfrac{Q}{bD_2 u}$,而不是一般离

心式风机中采用的 $\bar{Q}=\dfrac{Q}{3\,600u\dfrac{\pi D_2^2}{4}}$。一般说来,对于小流量风机,$\bar{\varphi}=0\sim0.3$,中流量风机 $\bar{\varphi}=$

$0.3\sim0.9$,大流量风机 $\bar{\varphi}>0.9$。

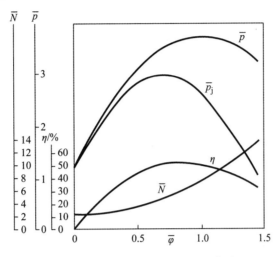

图 7-21　贯流风机的无因次性能曲线

（5）贯流式风机具有动压较高,不必改变气流流动方向,可获得扁平而高速的气流,并且气流到达的宽度比较宽等特点,再加上它结构简单,宜与各种扁平形或细长形设备相配合,使贯流式风机获得了许多用途。

贯流式风机目前广泛应用在低压通风换气、空调工程中,尤其是在风机盘管、空气幕装置、小型废气管道抽风、车辆电动机冷却及家用电器等设备上（如家用分体挂壁空调室内机的送风机就是采用的贯流风机）。贯流式风机的使用范围一般为:流量 $Q<500\,\mathrm{m^3/min}$;全压 $H(p)<980\,\mathrm{Pa}$。

参 考 文 献

［1］ 安连锁. 泵与风机［M］. 北京：中国电力出版社，2001.

［2］ 郭立君，何川. 泵与风机（第三版）［M］. 北京：中国电力出版社，2004.

［3］ 蔡增基，龙天渝. 流体力学泵与风机［M］. 北京：中国建筑工业出版社，2010.

［4］ 魏新利，付卫东，张军. 泵与风机节能技术［M］. 北京：化学工业出版社，2011.

［5］ 王寒栋，李敏. 泵与风机［M］. 北京：机械工业出版社，2011.

［6］ 屠大燕. 流体力学与流体机械［M］. 北京：中国建筑工业出版社，1994.

［7］ 吴民强. 泵与风机［M］. 北京：水利电力出版社，1992.

［8］ 伍悦滨，朱蒙生. 工程流体力学泵与风机［M］. 北京：化学工业出版社，2006.

［9］ 潘炳玉. 流体力学泵与风机［M］. 北京：化学工业出版社，2010.

［10］ 柯葵，朱立. 流体力学与流体机械［M］. 上海：同济大学出版社，2009.

［11］ 杨诗成，王喜魁. 泵与风机（第四版）［M］. 北京：中国电力出版社，2012.

［12］ 程俊骥. 泵与风机运行检修［M］. 北京：机械工业出版社，2012.

［13］ 杨春，高红斌. 流体力学泵与风机（高等学校“十二五”精品规划教材）［M］. 北京：水利水电出版社，2011.

［14］ 陆肇达，王立文. 泵与风机系统的能量学和经济性分析［M］. 北京：国防工业出版社，2009.

［15］ 吕玉坤. 普通高等教育实验实训规划教材（能源动力类）流体力学及泵与风机实验指导书［M］. 北京：中国电力出版社，2008.

［16］ 刘宏丽，王洪旗. 泵与风机应用技术［M］. 北京：机械工业出版社，2012.